우리가 꼭 알아야 할
멸종위기
야생생물 I

도서 개발에 참여한 국립생태원 연구원

박용수, 윤광배, 이배근, 임정은, 권인기, 강승구, 윤종민, 이정현, 김홍근, 김성준, 박환준

우리가 꼭 알아야 할
멸종위기 야생생물 I

발행일 2020년 11월 30일 초판 1쇄 발행 / 2023년 12월 15일 초판 3쇄 발행

엮음 국립생태원
발행인 조도순
책임 편집 유연봉 | **편집** 안정섭, 정태원
편집 진행·디자인 도서출판 지성사
발행처 국립생태원 출판부 | **신고번호** 제458-2015-000002호(2015년 7월 17일)
주소 충남 서천군 마서면 금강로 1210 / www.nie.re.kr
문의 041-950-5999 / press@nie.re.kr

ⓒ 국립생태원 National Institute of Ecology, 2020

ISBN 979-11-91206-09-8 (03470)

🔴 **일러두기**

국립생태원 출판부 발행 도서는 기본적으로 「국어기본법」에 따른 국립국어원 어문 규범을 준수합니다.
동식물 이름 중 표준국어대사전에 등재된 경우 해당 표기를 따랐으며, 우리말 표기가 정립되지 않은
해외 동식물명과 전문용어 등은 국립생태원 자체 기준에 의해 표기하였습니다.
고유어와 '과(科)'가 합성된 동식물 과명(科名)은 사이시옷을 불용하는 국립생태원 원칙에 따라 표기하였습니다.
두 개 이상의 단어로 구성된 전문 용어는 표준국어대사전에 합성어로 등재된 경우에 한하여 붙여쓰기를 하였습니다.
이 책에 실린 글과 그림의 전부 또는 일부를 재사용하려면 반드시 저작권자와 국립생태원의 동의를 받아야 합니다.

※ 이 책은 환경 보존을 위해 친환경 용지를 사용하였고, 인체에 무해한 콩기름 잉크로 인쇄하였습니다.

우리가 꼭 알아야 할

멸종위기 야생생물 I

국립생태원 엮음

멸종위기 야생생물이란 무엇일까요? 이는 산과 들 또는 강 등의 자연 상태에서 스스로 살아가는 야생의 동식물이 자연적 또는 인위적 위협 요인에 따라 개체수가 눈에 띄게 줄어들거나 적은 수만 남아 있어 가까운 미래에 절멸될 위기에 처한 상태를 뜻합니다. 이에 우리나라는 멸종될 우려가 있는 야생생물에 대해 멸종위기 야생생물로 지정하여 보호하고 있습니다. 멸종위기 야생생물은 그 심각성에 따라 멸종위기 야생생물 I급과 II급으로 나뉩니다. 멸종위기 야생생물 I급은 자연적 또는 인위적 위협 요인에 따라 개체수가 눈에 띄게 줄어들어 멸종위기에 처한 야생생물을 가리키며, 멸종위기 야생생물 II급은 위협 요인이 제거되거나 완화되지 않을 경우 가까운 장래에 멸종위기에 처할 우려가 있는 야생생물을 가리킵니다.

그렇다면 왜 야생생물을 보호하고 보전해야 할까요? 야생생물은 우리 세대와 미래 세대의 공동 자산이라 할 수 있습니다. 따라서 우리

세대는 야생생물과 그 서식 환경을 적극 보호하여 그 혜택이 미래 세대에 돌아가게 할 의무가 있습니다. 이러한 취지에서 국립생태원은 야생생물 멸종위기종 보전은 물론, 우리나라 자연 생태계를 되살리기 위한 우리 모두의 관심을 이끌어내기를 바라는 간절함을 담아 멸종위기 야생생물 I급 14종을 소개하는 생태교양서『우리가 꼭 알아야 할 멸종위기 야생생물 I』을 선보이게 되었습니다.

　일제 강점기 당시 일본이 한반도에서 벌인 해수 구제 사업으로 비극을 맞이한 대륙사슴, 오래전부터 다산과 복을 가져다준 동물로 여긴 박쥐, 금보다 비싼 향료 사향 때문에 멸종위기에 처한 사향노루, 전형적인 산악 동물로 그곳의 자연이 얼마나 건강한지를 상징하는 산림지대의 지표종 산양, 수생태계의 질서와 먹이사슬을 균형 있게 조절해주는 수달, 위장의 달인이자 적응의 귀재 그리고 조용한 사냥꾼 한국표범, 신화에서부터 전래동화에 이르기까지 우리에게 사랑받는 호랑이, 긴 부리를 물속에 넣고 좌우로 휘휘 저어가며 먹이를 잡는 저어새, 먹잇감을 사냥하는 가장 큰 맹금류 참수리, 검은색 부리와 붉은색 다리가 돋보이는 황새, 작지만 몸 색이 수수하고 예쁜 비바리뱀, 원시 형태의 가치를 지닌 장수하늘소, 모양이 독특하고 꽃이 아름다운 나도풍란, 미생물과 도움을 주고받는 털복주머니난이 바로 그 주인공입니다.

이 책에는 14종의 멸종위기 야생생물 I급에 관한 형태와 생태 특징, 분포 지역과 행동권을 비롯하여 왜 멸종위기에 처했는지를 살펴봅니다. 이와 더불어 멸종위기에 놓인 한반도의 야생생물을 보전하고 복원하기 위해 국립생태원 멸종위기종복원센터에서 펼치는 전문 연구원들의 연구와 활동에 관한 기록도 담았습니다.

만약 우리가 야생생물에 대한 인식을 바꾸지 않고 무관심으로 일관한다면 앞으로 더 많은 종이 사라질 위험에 처하게 될 것이며, 우리의 삶에도 좋지 않은 영향을 끼칠 것입니다. 우리나라의 소중한 생물들을 지키려면 없어져도 그만인 식물과 동물이 아닌, 정말 소중한 우리의 재산으로 여기는 사회적 공감대가 형성되어야 합니다.

이름만 들어도 정겨운 야생생물들이 지구상에서 완전히 사라진다는 것은 상상만 해도 너무 슬프고 끔찍한 일입니다. 우리의 자연 속에서 더 많은 식물과 동물들이 건강하고 아름다운 모습으로 살아가기를 바라며, 이 책을 통해 우리나라에서 살아가는 야생생물에 대해 진정한 애정과 관심을 가지는 기회가 되었으면 합니다.

국립생태원장 **박용목**

차례

발간사 **4**

일제 강점기에 비극을 맞이한
대륙사슴

한반도에서 벌어진 해수 구제 사업의 비극 **14** | 대륙사슴의 과거와 현재 **15** | 대륙사슴의 분류학적 특징과 분포 **17** | 한반도에 서식하는 대륙사슴의 형태 특징 **18** | 복원 대상종인 대륙사슴의 생태 특징 **20** | 대륙사슴을 복원하기 위한 방법 **25**

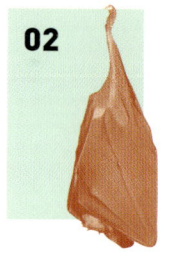

유일하게 하늘을 날아다니는 포유류,
박쥐

박쥐 어떤 동물일까? **28** | 박쥐의 분류와 우리나라에 서식하는 박쥐 **29** | 박쥐는 어디에서 살아갈까? **39** | 박쥐의 형태 특징 **40** | 박쥐의 생태 특징 **41** | 자연 생태계를 이끌어 가는 박쥐 **44** | 멸종위기에 처한 박쥐를 보전하는 방법 **45**

향기로 멸종위기에 처한
사향노루

금보다 비싼 향료, 사향 **50** | 사향노루는 어떤 동물일까? **52** | 원사의 형태 특징 **54** | 원사의 생태 특징 **56** | 멸종위기에 처한 사향노루 복원 방법 **59**

04

사라져 가는 그 이름,
산양

산양에 관한 오해와 진실 **62** | 산양의 형태와 생태 특징 **64** |
헛개나무를 키우는 일등 공신 **67** | 산양과 함께 살아가기 **70**

05

물속 생태계의 질서를 유지하는
수달

민물에 서식하는 수달 **76** | 수달은 어떻게 살아갈까? **79** |
수달의 형태와 생태 특징 **80** | 수달은 수생태계 '질서 유지
자' **86** | 수달과 함께 살아가기 **88**

06

부의 상징으로 으뜸이었던
한국표범

위장의 달인, 적응의 귀재, 조용한 사냥꾼 표범 **92** | 표범의
분류 **94** | 아무르표범의 형태와 생태 특징 **95** | 무차별적 포
획에 희생된 아무르표범 **96** | 아무르표범의 멸종을 막는 노
력 **100**

07

우리 국민이 가장 좋아하는
아무르호랑이

우리에게 각별한 존재, 호랑이 **104** | 호랑이의 형태와 생태
특징 **107** | 호랑이는 어떻게 사라졌을까? **111** | 우리의 호랑
이를 보호하기 위한 노력 **115**

08

살충제 사용으로 위기를 맞은
저어새

긴 부리를 물속에 넣고 휘휘 젓는 저어새 **118** | 그 많던 저어새는 어디로 사라졌을까? **120** | 저어새의 형태와 생태 특징 **122** | 갯벌의 지표종 저어새를 보호하는 방법 **127**

09

평생을 약육강식의 세계에서 살아가는
참수리

먹잇감을 사냥하는 가장 큰 맹금류 참수리 **134** | 참수리는 어디에서 무엇을 먹고 살아갈까? **137** | 참수리가 살아남는 방법 **138** | 납탄 사용으로 위기에 처한 참수리 **141** | 우리의 새 참수리를 지키기 위한 노력들 **144**

10

행운을 가져다주는
황새

검은색 부리, 붉은색 다리가 돋보이는 황새 **148** | 우리나라 마지막 텃새, 황새의 슬픈 이야기 **151** | 황새를 위협하는 요인 **153** | 복원한 황새를 야생으로 방사하다 **154** | 아직도 끝나지 않은 텃새 개체군의 복원 **157**

11

예쁘고 여리지만 강한 뱀,
비바리뱀

작고 몸 색이 수수하여 붙인 이름 비바리뱀 **162** | 비바리뱀의 형태 특징 **165** | 비바리뱀의 생태 특징 **168** | 더 많은 정보를 얻기 위해 꾸준한 생태 연구가 필요 **170**

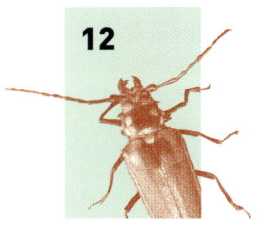

서식지 변화에 민감한
장수하늘소

경제적으로 중요한 곤충 장수하늘소 **174** | 원시적인 형태의 가치를 지닌 장수하늘소 **175** | 장수하늘소의 형태와 생태 특징 **177** | 우리나라 장수하늘소 발견에서 보전하기까지의 과정 **180** | 장수하늘소 복원에는 서식지 복원이 필수 **182**

향기로 어부들을 이끄는
나도풍란

형태가 독특하고 꽃이 아름다운 나도풍란 **186** | 살아가는 지역에 걸맞게 진화한 끈질긴 생명체 **188** | 우리 생활 속 나도풍란 **189** | 야생 나도풍란은 왜 멸종했을까? **191** | 나도풍란 복원을 위한 다양한 노력 **193**

비너스의 신발
털복주머니난

학명의 유래가 재미있는 털복주머니난 **198** | 세계적 멸종위기에 처한 털복주머니난 **199** | 털복주머니난은 어떻게 생겼을까? **200** | 미생물과 도움을 주고받는 털복주머니난 **203** | 털복주머니난은 어디에 살고 있을까? **204** | 점점 사라져 가는 우리 주변의 생물들 **205** | 멸종위기종을 위해 우리가 해야 할 일 **207**

찾아보기　209
그림 출처　212

01

일제 강점기에 비극을 맞이한
대륙사슴
····

세계자연보전연맹 적색목록 | **관심대상(LC)**

한반도에서 벌어진 해수 구제 사업의 비극

밤색 털과 작은 흰색 점들이 흩어져 있는 대륙사슴은 주로 무리를 이루어 평지에서부터 해발고도 2,500미터 사이의 숲에서 서식합니다. 몸에 불규칙하게 흩어져 있는 흰색 점들은 겨울보다는 여름에 더 선명하게 나타나고, 흰색 점 모양이 멀리서 보았을 때 매화꽃잎 같다고 하여 '매화록매화사슴', '꽃사슴'이라고도 합니다.

대륙사슴은 제주도를 포함한 우리나라 전 지역에서 서식했던 것으로 알려졌으나, 일제 강점기 당시 조선총독부에서 "사람에게 위해를 끼치는 해수를 없앤다"는 명분으로 '해수 구제 사업'을 주도한 결과, 이제는 남한에서 자취를 감춰 버린 멸종위기 야생생물 I급 동물이 되었습니다. 포유류 학자들은 현재 한반도 남쪽 땅에 대륙사슴이 절멸된 것으로 보고 있습니다.

그렇다면 여기서 의문은 디즈니 만화영화의 「밤비」와 같은 대륙사슴이 사람에게 위해를 끼치는 나쁜 짐승인가입니다. 결론부터 말하면 당연히 아닙니다. 그런데 왜 대륙사슴이 남한에서 절멸된 것일까요?

일본은 주민과 가축에 피해를 준다는 이유로 1910~1920년 표범, 곰, 늑대 등과 함께 호랑이를 '해수해로운 짐승'로 지정하고 대대적으로 사냥꾼을 풀어 구제 사업을 벌이면서 대량 학살했습니다. 사실 야생동물을 잡으려면 야생동물의 생태와 그 동물이 살고 있는 서식지의 지형·지세를 잘 알아야 합니다. 여러분이 만약 「조선의 마지막 호랑이, 대호」라는 영화를 보셨다면 무슨 말인지 이해할 것입니다. '지피지기면 백전백승'이라고 야생동물을 포획하려면 사전에 언제, 어디서 먹고, 자고, 싸는지 등 포획하려는 동물에 대한 생태를 잘 알아야 그 동물을 잡을 수 있습니다.

해수 구제 사업 초기에 일본인들은 일본에 없는 호랑이의 생태는 물론 한반도 지형을 잘 알지 못해 호랑이 사냥에 실패를 거듭했습니다. 그러다 보니 사냥을 나간 일본인들이 뭐라도 잡아서 돌아가야 했던 탓에 호랑이보다 훨씬 잡기 쉬웠던 대륙사슴이 애꿎은 희생양이 되어 남한에서 멸종하게 된 것입니다.

그 밖에도 스라소니, 반달가슴곰, 늑대, 여우, 삽살개 등이 일제 강점기에 일본인들에게 무자비하게 대량 학살되어 멸종되거나 멸종위기에 처한 동물들입니다.

대륙사슴의 과거와 현재

조선시대까지만 해도 무예를 닦던 행사인 강무講武에서 몰이사냥으로 사슴을 사냥했고, 그때 사냥한 사슴의 수가 한 번에

1,000여 마리 정도로 많은 사슴이 한반도에 서식했습니다. 하지만 1921년 제주에서 잡힌 대륙사슴이 남한에서의 마지막 야생 사슴 기록으로 남았을 뿐, 그 이후로는 발견되지 않고 있습니다. 남한에서 자취를 감춘 지 오래되었지만, 다행히 녹용 생산용으로 야생에서 일부 개체를 포획하여 백두산 인근 삼지연 목장에서 사육하고 있으며, 야생에서는 개마고원 지역에 일부 개체가 안정적으로 서식하고 있는 것으로 알려졌습니다.

한국사 시간에 한 번쯤 보았던 고구려 무용총의 고분벽화 '수렵도狩獵圖'는 말을 탄 무사들이 사슴을 향하여 활을 겨누고 있는 그림입니다. 『조선왕조실록』에는 임금이 신하와 백성들과 함께 사슴을 사냥하여 종묘사직과 지방 사직 제사에 바쳤다는 기록이 있습니다. 이처럼 대륙사슴은 우리 자연에서 쉽게 만나고 사냥하던 동물이었습니다.

대륙사슴이 유명한 또 다른 이유는 새로 돋은 사슴의 연한 뿔인 녹용과 사슴고기 때문입니다. 임금이 사랑한 음식 '녹미'는 사슴 꼬리로 만든 요리를 말합니다. 조선시대 최장수 왕으로 잘 알려진 영조대왕은 다른 고기보다 특히 녹미를 즐겨 먹었다고 합니다.

녹용은 한의학에서는 약재로 쓰입니다. 주로 허약한 신체를 보하는 데 쓰이고, 혈기를 왕성하게 하여 질병을 예방하며, 어린아이의 발육 성장을 돕고 빈혈을 치료한다고 알려져 있습니다. 예전에는 봄과 가을철에 한두 번씩 보약으로 짓던 한약재 중 하나입니다. 대륙사슴과 같은 사슴뿔인 녹용은 한때 우리나라가 전 세계 녹용 생산량의 90 퍼센트를 소비할 정도였지만 지금은 그 자리를 홍삼이 대신하고 있습니다.

대륙사슴의 분류학적 특징과 분포

대륙사슴Cervus nippon은 우제목Artiodactyla 사슴과Cervidae에 속하며, 지리적인 분포와 유전적인 분석에 따라 현재 다수의 아종으로 분류하고 있지만, 분류학자들 사이에 견해가 달라 아직까지 대륙사슴에 관한 분류학적 위치는 명확하게 정립되지 않은 상태입니다.

가장 최근에 대륙사슴의 분포에 따라 13아종으로 분류하고, 분포지역을 지도에 나타낸 Whitehead(1993)의 분류 기준은 다음과 같습니다.

① *Cervus nippon hortulorum*   중국 흑룡강성 남부 지역, 극동 러시아 지역, 한반도
② *Cervus nippon mantchuricus*   중국 만주 지역, 한반도
③ *Cervus nippon mandarinus*   중국 하북성 지역 (야생 멸종)
④ *Cervus nippon grassianus*   중국 산서성 지역 (야생 멸종)
⑤ *Cervus nippon kopschi*   중국 남동 지역
⑥ *Cervus nippon taiouanus*   대만 (야생 멸종)
⑦ *Cervus nippon pseudaxis*   중국 강소, 강서, 안휘성 남부, 절강성 서부, 베트남
⑧ *Cervus nippon yesoensis*   일본 북해도
⑨ *Cervus nippon centralis*   일본 혼슈
⑩ *Cervus nippon nippon*   일본 규슈
⑪ *Cervus nippon mageshimae*   일본 마게시마
⑫ *Cervus nippon yakushimae*   일본 야쿠시마
⑬ *Cervus nippon keramae*   일본 류큐 섬 게라마 제도

대륙사슴의 전 세계 분포도

몽골 / 중국 / 한국 / ⑧ 홋카이도 / ⑨ 일본 / 규슈 / 버마 / 베트남 / 태국 라오스 / 캄보디아

이처럼 현재 전 세계 대륙사슴은 아시아 지역에 넓게 분포하고 있으며, 극동 러시아의 북쪽에서 서남으로 중국 전 대륙을 거쳐 베트남과 대만까지 분포하고 있습니다. 동남으로는 한반도와 일본까지 분포하고 있어 아종 간 분포 지역에 지리적 차이를 보이고 있습니다.

한반도에 서식하는 대륙사슴의 형태 특징

이에 앞서 제시한 13아종 중에서 남한에 서식했던 것으로 추정되는 대륙사슴을 찾는 것이 무엇보다 중요합니다. 과거 남한에 서식했고, 현재 북한에 서식하고 있는 것으로 추정되는 대륙사슴은 2아종으로 *Cervus nippon manchuricus*와 *Cervus nippon hortulorum*로 분류하고 있으나, *Cervus nippon manchuricus*에 대해서는 조사된 자료

가 없고, 현재 북한의 평양동물
원에서 사육 중인 대륙사슴은
*Cervus nippon hortulorum*으로
지난날 우리나라에 서식했던
대륙사슴은 이 아종인 것으로
판단하고 있습니다.

*Cervus nippon hortulorum*은
크기가 중형인 사슴으로, 노루
보다는 크고 붉은사슴^{백두산사슴}

보다는 작습니다. 수컷은 뿔이
있고 암컷은 뿔이 없으며 덩치
는 수컷이 암컷보다 1.5배가량
큽니다. 귀는 크고 곧추서 있으
며 사슴을 가리켜 "모가지가 길
어 슬픈 짐승"이라는 시구처럼
목이 가늘고 깁니다.

대륙사슴 겨울털(위), 대륙사슴 여름털(아래) ⓒ 박용수

엉덩이 부분에 흰색 털이 나 있고, 네 다리는 가늘고 길며 귀가 크
고 생김새가 아름답습니다. 여름털은 연한 황갈색이며, 크고 뚜렷한
흰색 반점은 등줄기를 따라 양쪽에 두 줄로 배열되어 있지만 옆구리
의 흰색 반점은 불규칙하게 흩어져 있습니다. 겨울털은 암갈색이고

반점은 흔적만 보입니다.

다 자란 수사슴은 뿔이 크고 튼튼합니다. 좌우로 넓게 벌어진 뿔은 제1가지가 길고 앞쪽 끝 두 개의 가지는 넓게 벌어져 있습니다. 녹용 상태의 뿔은 황적색으로 매우 크고 우아합니다.

복원 대상종인 대륙사슴의 생태 특징

대륙사슴은 전형적인 산림성 동물로, 여름에는 나무 그늘이 많은 여러 종류의 나무로 이루어진 숲혼합림에서 살고, 봄과 가을에는 나무가 드문 숲 가장자리의 덤불에서, 겨울에는 눈이 적게 쌓인 양지에서 살아갑니다.

먹이는 풀, 나뭇잎, 연한 싹, 나무껍질, 도토리, 이끼, 버섯 등이고 여름에는 소금기가 있는 흙을 먹어 염분을 섭취하기도 합니다. 먹이를 먹을 때 외에는 서식지를 잘 떠나지 않습니다. 초저녁과 아침 일찍 먹이를 찾아 돌아다니며 먹이를 먹으면 곧바로 서식지로 돌아와서 되새김질과 잠을 자며 하루를 보냅니다.

대륙사슴처럼 먹이를 먹은 뒤 휴식을 취하면서 먹었던 먹이를 계속 되새김질하는 동물을 반추동물이라고 하며, 반추동물은 채식 습성에 따라 다음의 그림과 같이 세 가지 채식 유형으로 구분합니다.

나무의 어린 줄기나 잎 또는 열매를 좋아하는 CS Concentrate Selectors

CS 타입

IM 타입

GR 타입

사향노루

대륙사슴

고라니

산양

소

노루

붉은사슴

단순한 반추위 (낮은 조섬유) 노루	약간 진보된 반추위 (중간) 붉은사슴	진보된 반추위 (높은 조섬유) 소

채식 빈도　　노루　　영양　　붉은사슴　　소

0 6 12 18 24　　0 6 12 18 24　　0 6 12 18 24

유형에는 우리가 잘 아는 사향노루와 고라니 등의 소형 사슴류가 속
하며, 땅 위에 돋아나는 풀 등을 좋아하는 GRGrass Roughage Eater 유형
에는 소가 있습니다. 앞의 두 가지 채식 유형의 중간인 IMIntermediate
유형에 대륙사슴이 속해 있습니다.

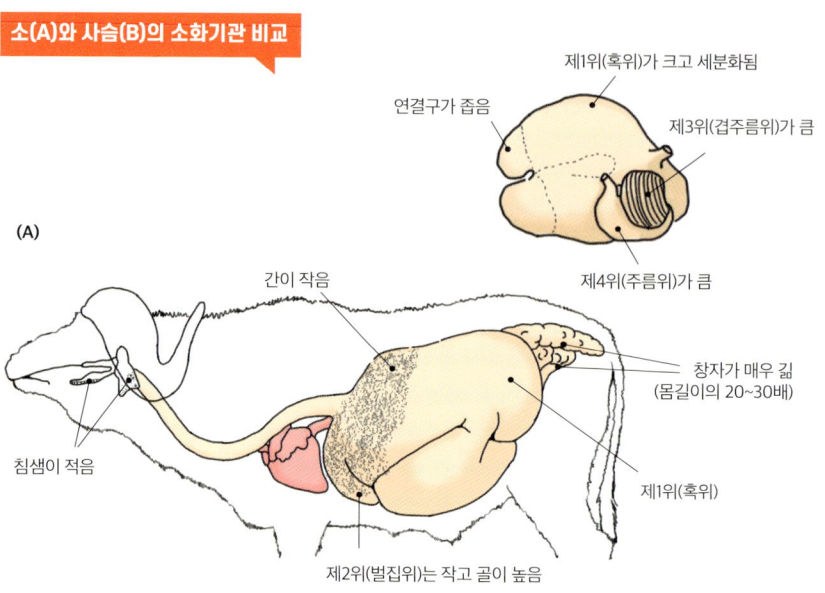

제1위(혹위)가 크고 세분화됨

연결구가 좁음

제3위(겹주름위)가 큼

(A)

간이 작음

제4위(주름위)가 큼

창자가 매우 긺
(몸길이의 20~30배)

침샘이 적음

제1위(혹위)

제2위(벌집위)는 작고 골이 높음

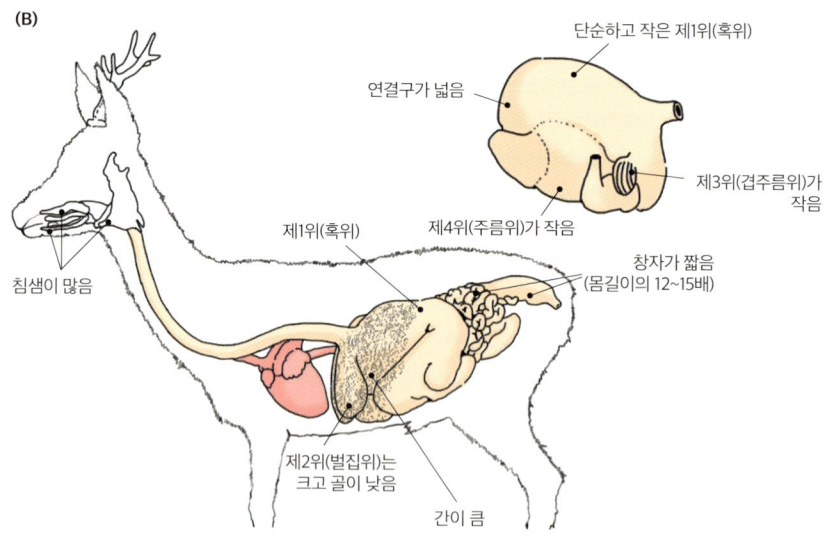

(B)

단순하고 작은 제1위(혹위)

연결구가 넓음

제1위(혹위)

제4위(주름위)가 작음

제3위(겹주름위)가
작음

창자가 짧음
(몸길이의 12~15배)

침샘이 많음

제2위(벌집위)는
크고 골이 낮음

간이 큼

22

대륙사슴과 같은 사슴류는 보통 우제류 소, 염소 등 발굽이 짝수인 포유동물 보다 탄닌tannin을 효과적으로 이용합니다. 탄닌은 식물이 초식동물로부터 스스로 보호하기 위해 진화 과정에서 생성된 물질입니다. 이 물질은 독성을 띠고 있어 초식동물이 섭취하면 소화 장애를 일으키거나 심하면 죽기까지 합니다.

사슴류는 이러한 식물의 진화 과정에 맞추어 공진화여러 종種이 서로 영향을 주면서 진화하는 것하여 소보다 타액선침샘이 3~4배 정도 크며, 사슴의 타액에는 소에 비해 프로라인리치 프로테인Proline-rich Protein이 훨씬 많이 포함되어 있습니다.

이 프로라인리치 프로테인이 나뭇잎의 탄닌 성분을 중화하여 단백질과 결합하면서 제1위 속에 있는 미생물들로부터 단백질을 보호합니다. 무사히 통과한 단백질은 제4위와 소장에서 분리되어 소화율을 높입니다. 또한 제4위와 소장에서 미처 흡수되지 않은 탄닌의 독성은 소보다 큰 간에서 해독하기 때문에 사슴류는 다양한 나뭇잎을 섭취할 수 있습니다.

봄이 되면 뿔이 빠지는데 늙은 개체일수록 빨리 뿔이 빠집니다. 뿔이 빠지면 새로운 뿔이 자라기 시작하지만, 뿔이 없어진 수컷은 갑작스럽게 기가 죽어서 스스로 집단에서 벗어나 홀로 생활합니다.

뿔이 나오기 시작한 지 94~154일이 지나면 뿔이 완성되는데 늙은 개체일수록 시간이 오래 걸립니다. 뿔이 완성되면 수컷은 암컷 집단을 찾아 들어가 새끼 이외의 수컷을 모두 몰아냅니다.

번식기는 9월부터 10월로, 이때 수컷은 다른 수컷을 찾아 싸움을 벌이고 승자는 패자의 암컷을 모두 차지하게 됩니다. 싸움은 뿔과 뿔을 서로 치받고 밀치고 하여 격렬하게 벌어집니다. 보통 싸우다가 힘이 부치게 되어 승산이 없다고 생각하는 쪽이 도망치면 싸움은 끝납니다. 그러나 간혹 싸우다가 날카로운 뿔에 배가 찔려서 죽는 경우도 있습니다.

이 시기에 수컷은 흥분하여 잘 먹지 않아, 번식기간 내내 한 수컷이 그 지위를 유지하는 것이 매우 힘듭니다. 대개는 다른 수컷에게 집단을 빼앗기고 맙니다.

무리를 차지한 수컷이 암컷들과 교미하며, 암컷의 임신기간은 220~240일이고 이듬해 5~6월에 1~2마리의 새끼를 낳습니다.

대륙사슴은 암컷과 새끼를 포함한 작은 집단을 이루어 생활하며, 수컷은 뿔이 자라는 시기에는 주로 단독생활을 하고 번식기에 다시 암컷 무리를 찾아 생활합니다.

초여름이 되면 암컷들도 흩어져 새끼를 낳고, 얼마 후에 새끼를 거느리고 다시 무리에 들어옵니다. 새끼는 약 8~10개월까지 어미가 돌보며 새끼 암컷은 2년 동안 어미와 함께 생활하지만 새끼 수컷은 대개 1년이 지나면 어미 곁을 떠납니다. 생후 2년 만에 성적으로 완전히 성숙합니다.

대륙사슴의 천적은 호랑이, 표범, 스라소니, 늑대 등의 대형 맹수류이며 산달, 여우, 삵, 너구리 등이 새끼 사슴을 잡아먹습니다.

대륙사슴을 복원하기 위한 방법

남한에서 절멸된 대륙사슴을 복원하기 위해서는 반달가슴곰 복원사업처럼 지난날 남한에 살았던 대륙사슴의 원종을 도입하여 복원사업을 시작하는 것이 가장 일반적인 복원사업 진행 방식입니다.

사업을 진행하려면 먼저 중국, 러시아, 북한 등에서 원종을 도입해야 합니다. 그러나 대륙사슴처럼 우제류는 구제역과 같은 가축 전염병 때문에 아직까지 직접적인 원종 도입이 어렵습니다.

국내에서 절종된 대륙사슴을 복원하기 위한 대안으로 멸균 처리된 대륙사슴의 수정란을 도입하여 원종을 확보할 수 있습니다. 이는 아주 많은 노력과 시간 그리고 예산이 필요하지만, 구제역으로 수입이 금지된 대륙사슴을 복원하려면 현재로서는 유일한 방법입니다. 이와 동시에 남한에는 멸종되었지만 아직 북한에 서식하고 있는 대륙사슴을 직접 들여올 수 있도록 남북 협력사업과 공동 연구를 추진하는 것도 필요합니다.

02

유일하게 하늘을 날아다니는 포유류,

박쥐

....

붉은박쥐

세계자연보전연맹 적색목록 | **관심대상(LC)**

천연기념물 | **제452호**

작은관코박쥐

세계자연보전연맹 적색목록 | **관심대상(LC)**

토끼박쥐

세계자연보전연맹 적색목록 | **관심대상(LC)**

박쥐 어떤 동물일까?

대부분 사람들은 박쥐를 쥐와 비슷하거나 하늘을 날아다니기 때문에 새라고 생각하기도 합니다. 또 박쥐 하면 가장 먼저 '황금박쥐 또는 배트맨', '드라큘라, 흡혈박쥐'를 떠올리겠지요.

어둡고 칙칙한 동굴 속에서 살아가며, 야행성으로 밤에 활동합니다. 밤하늘을 날아다니는 박쥐는 피를 먹기에 각종 질병의 온상으로 인식되어 많은 사람들이 무서운 동물로 생각합니다. 이리저리 날아다니고 천장에 붙어 있다가 자리를 수시로 옮기는 것을 보고, 줏대 없이 자기 이익에 따라 여기 붙었다 저기 붙었다 하는 '기회주의자'에게 박쥐 같은 사람이라 표현하여 부정적 이미지가 강한 동물입니다. 하지만 박쥐들은 그저 먹이 사냥을 위해 하늘을 날아다니고 위협에서 벗어나기 위해 자주 휴식처를 옮기는 것뿐입니다.

조선시대의 왕실 의복, 각종 전통 문양 등에서 많이 찾아볼 수 있는 박쥐는 우리나라를 비롯한 동아시아 지역에서는 오래전부터 다산과 복을 가져다주는 동물로 여겼습니다. 이는 박쥐의 '복蝠' 자가 '복福' 자와 음이 같다는 데에서 비롯되었습니다.

박쥐라는 이름의 유래는 조상들이 밤에 활동하는 것을 보고 눈이 엄청 밝을 것이라 생각하여 '밤눈이 밝은 쥐' 또는 쥐와 유사한 생김새로 '밤쥐'라고 부르다가 지금의 '박쥐'라는 이름으로 바뀌었을 것이라고 추정합니다.

이러한 이유로 예전에는 박쥐를 먹으면 시력이 좋아진다는 설이 있어 박쥐를 말려 한약재로 사용하기도 했습니다. 하지만 박쥐의 시력은 사실 거의 퇴화된 상태이고 밤에 먹이 사냥이나 활동할 때에는 초음파를 사용합니다. 이렇듯 박쥐에 대한 오해는 많은 데 비해 박쥐에 관한 정보는 그리 많이 알려지지 않았습니다.

박쥐의 분류와 우리나라에 서식하는 박쥐

박쥐는 포유류 종의 약 4분의 1을 차지할 정도로 종 수가 많습니다. 2018년 기준 전 세계적으로 약 1,200종 이상이 알려졌으며 지금도 세계 각지에서 새로운 종이 발견되고 있습니다. 종 수가 많은 만큼 북극과 남극을 제외한 세계 모든 지역에 분포하고 있는 것으로 알려졌습니다.

과거 박쥐의 분류 체계는 과일박쥐처럼 몸집이 큰 큰박쥐아목 Megachiroptera과 몸집이 조금 작은 작은박쥐아목Microchiroptera으로 분류되었지만 연구자들에 의해 2006년에 음박쥐아목Yinpterochiroptera과 양박쥐아목Yangochiroptera으로 재분류되었습니다.

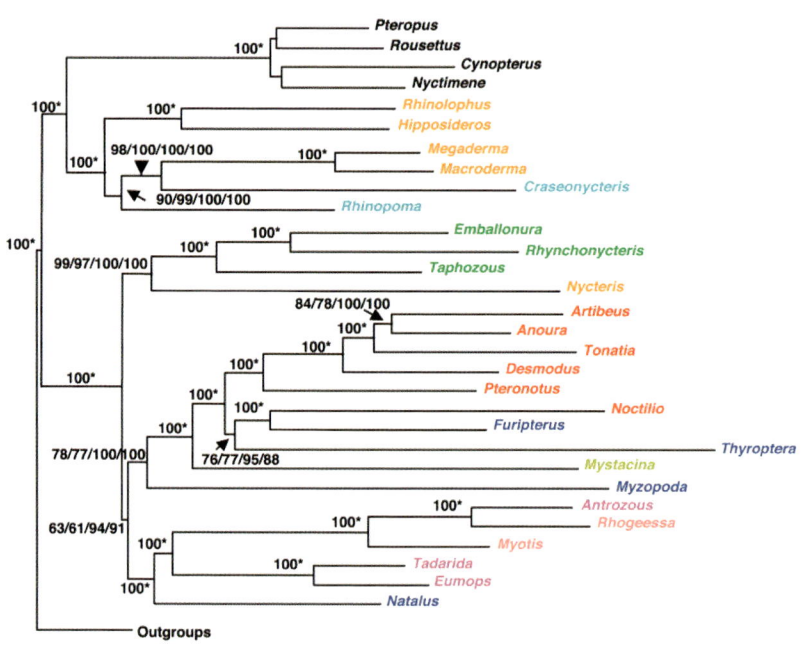

Pteropus
Rousettus
100*
Cynopterus
Nyctimene
100*
Rhinolophus
Hipposideros
98/100/100/100
Megaderma
100*
Macroderma
100*
Craseonycteris
90/99/100/100
Rhinopoma
100*
Emballonura
100*
Rhynchonycteris
Taphozous
99/97/100/100
Nycteris
84/78/100/100
Artibeus
100*
Anoura
100*
Tonatia
100*
Desmodus
Pteronotus
100*
100*
Noctilio
100*
Furipterus
Thyroptera
76/77/95/88
78/77/100/100
Mystacina
Myzopoda
Antrozous
100*
Rhogeessa
100*
Myotis
63/61/94/91
100*
Tadarida
Eumops
100*
Natalus

Outgroups

0.01 substitutions/site

■ 과일박쥐과	■ 보자기날개박쥐과	■ 짧은꼬리박쥐과
■ 관박쥐과	■ 불독박쥐상과	■ 큰귀박쥐과
■ 생쥐꼬리박쥐과	■ 깔때기박쥐과	■ 애기박쥐과

(자료출처: Teeling et al. 2005)

과일박쥐과		음박쥐아목
관박쥐과		
위흡혈박쥐과	관박쥐상과	
키티돼지코박쥐과		
생쥐꼬리박쥐과		
보자기날개박쥐과	보자기날개박쥐상과	
틈새얼굴박쥐과		
주걱박쥐과		양박쥐아목
유령얼굴박쥐과	불독박쥐상과	
불독박쥐과		
민발톱박쥐과		
원반날개박쥐과		
짧은꼬리박쥐과		
흡반발박쥐과		
애기박쥐과	애기박쥐상과	
큰귀박쥐과		
깔때기박쥐과		

과거의 분류 체계 (Simmons & Geisler, 1998)	현재의 분류 체계 (Wetterer *et al.*, 2006)
suborder Megachiroptera 큰박쥐아목	suborder Yinpterochiroptera 음박쥐아목
family Pteropodidae 과일박쥐과	family Pteropodidae 과일박쥐과
suborder Microchiroptera 작은박쥐아목	family Rhinolophidae 관박쥐과
family Emballonuridae 보자기날개박쥐과	family Hipposideridae 잎코박쥐과
family Craseonycteridae 키티돼지코박쥐과	family Rhinopomatidae 생쥐꼬리박쥐과
family Rhinopomatidae 생쥐꼬리박쥐과	family Craseonycteridae 키티돼지코박쥐과
family Nycteridae 틈새얼굴박쥐과	family Megadermatidae 위흡혈박쥐과
family Megadermatidae 위흡혈박쥐과	suborder Yangochiroptera 양박쥐아목
family Rhinolophidae 관박쥐과	family Natalidae 깔때기귀박쥐과
family Hipposideridae 잎코박쥐과	family Emballonuridae 보자기날개박쥐과
family Mystacinidae 짧은꼬리박쥐과	family Mystacinidae 짧은꼬리박쥐과
family Noctilionidae 불독박쥐과	family Noctilionidae 불독박쥐과
family Phyllostomidae 주걱박쥐과	family Phyllostomidae 주걱박쥐과
family Mormoopidae 유령얼굴박쥐과	family Mormoopidae 유령얼굴박쥐과
family Molossidae 큰귀박쥐과	family Nycteridae 틈새얼굴박쥐과
family Miniopteridae 긴날개박쥐과	family Miniopteridae 긴날개박쥐과
family Vespertilionidae 애기박쥐과	family Vespertilionidae 애기박쥐과
family Myzopodidae 흡반발박쥐과	family Molossidae 큰귀박쥐과
family Natalidae 깔때기귀박쥐과	family Thyropteridae 원반날개박쥐과
family Thyropteridae 원반날개박쥐과	family Furipteridae 민발톱박쥐과
family Furipteridae 민발톱박쥐과	family Myzopodidae 흡반발박쥐과

전 지구에서 박쥐는 서식지를 다양하게 활용하고 있는데 박쥐의 초기 조상은 아주 오래전 지금의 북미, 유럽, 아시아 대부분 지역이 연결되어 있던 로라시아Laurasia에서 진화해 나갔을 것으로 추정하고 있습니다.

전 세계에 많은 종의 박쥐가 서식하는 만큼 우리나라에도 많은 종의 박쥐가 살아가고 있습니다. 우리나라에는 4과 11속 23종이 서식한다고 알려졌으며, 이는 우리나라에 서식하는 포유류 가운데 약 25 퍼센트를 차지할 정도로 많습니다.

이전 우리나라에 서식하는 박쥐는 주로 외국학자들이 연구해 왔으며 분류나 분포에 대한 연구는 일본인 연구자들이 해왔습니다. 우리나라에서 멸종위기 야생생물로 지정된 박쥐에는 I급 붉은박쥐와 작은관코박쥐, II급 토끼박쥐가 있습니다.

붉은박쥐 *Myotis rufoniger*

2012년 환경부 멸종위기 야생생물 I급, 2005년 천연기념물 제452호로 지정되어 보호받고 있는 종입니다. 환경오염과 개발, 동굴 및 폐광 등 서식지 훼손으로 개체수가 급격하게 줄어들고 있다고 알려졌습니다.

우리나라에서는 '황금박쥐'로 잘 알려진 종이며 털색이 오렌지색을 띠고 있어 '오렌지윗수염박쥐'라고도 합니다. 몸은 오렌지색이지만 비막, 귀 끝부분, 발톱 등은 검은색이라 생김새가 독특합니다. 우리나라를 포함하여 베트남, 라오스, 중국, 일본 지역에 널리 분포하고 있으며, 우리나라에는 제주도에서 강원도까지 서식이 확인되었고 특히 전라남도 함평군에서는 집단 서식지가 확인되기도 합니다.

붉은박쥐의 발톱(왼쪽), 붉은박쥐의 얼굴(오른쪽) ⓒ 윤광배

　예전에는 학명이 *Myotis formosus*였으나 최근 계통 분류 연구를 통해 재정립되어 *Myotis rufoniger*로 재분류되었습니다. 연구자들은 기존에 *M. formosus*로 알려진 종은 아프가니스탄, 네팔, 타이완에 서식하는 종이며, 국내 종과는 유전적 차이를 비롯하여 두개골_{머리뼈}에서 형태적인 차이가 있음을 밝혀냈습니다.

　애기박쥐과_{윗수염박쥐속}에 속하는 붉은박쥐는 다른 박쥐들과 비교해 겨울잠 행동에 독특한 점이 있습니다. 다른 박쥐들보다 일찍 겨울잠에 들고 가장 늦게 깨어난다는 점입니다. 자연 동굴이나 폐광에서 겨울잠에 들어가는 시기는 10월쯤이고 이듬해 4~5월경에 다시 활동을 시작합니다. 이들은 주로 산림에서 활동하며 수풀 속, 나뭇가지 등에 매달려 휴식을 취합니다. 밤에 곤충을 잡아먹는데 어떤 곤충을 먹는지 아직 연구가 필요한 종입니다.

겨울잠을 잘 때에는 동굴 내부의 온도, 습도 등에 매우 민감하며, 앞선 연구에 따르면 붉은박쥐가 겨울잠을 자기 위한 최적의 동굴 온도는 최소 섭씨 12도를 유지해야 한다고 합니다.

번식은 1년에 한 마리씩 낳으며, 겨울잠 전에 교미한 뒤 겨울잠에서 깨면 수정이 되고 6월이나 7월에 새끼를 낳습니다. 활동기에는 매우 보기가 힘든 종입니다. 활동기에 어느 산림을 주로 이용하는지, 먹이는 어디서 얻는지에 관한 정보가 매우 부

동굴에 매달려 있는 붉은박쥐(위, 아래) ⓒ 윤광배

족하며 필자도 동면기 조사 이외에 야외 산림 조사에서 두 번 포획한 경험이 전부입니다.

작은관코박쥐 *Murina ussuriensis*

국내 서식 기록이 매우 드문 종 가운데 하나입니다. 예전에는 기록이 있었으나 수십 년 동안 확인되지 않았습니다. 2011년 필자

코 모양이 관처럼 생긴 작은관코박쥐

가 영국 박쥐학자 데이비드 힐David Hill, 교토대학 재직 교수와 우리나라 충남 지역에서 박쥐 조사를 할 때 처음 보았을 정도였습니다. 힐 교수는 일본에서도 매우 흔한 종은 아니며, 그도 몇 년 만에 보았다고 합니다.

작은관코박쥐는 이전에는 멸종위기 야생생물 II급이었으나 재심의를 거쳐 2017년 멸종위기 야생생물 I급으로 지정되어 보호하고 있습니다. 최근 들어 관심이 높아지고 연구자들의 지속적인 조사로 전국 곳곳에 서식하고 있음이 확인되었습니다. 작은관코박쥐는 동굴이나 폐광에서는 발견되지 않는다고 알려진 산림성 박쥐로 겨울잠도 산림에서 하는 것으로 알려졌습니다.

휴식처나 겨울잠은 나무구멍, 바위, 바닥에 쌓여 있는 나뭇잎 아래, 일본에서는 겨울잠 기간에 눈 속에서 발견된 사례도 있습니다. 또한 일본에서는 낮에도 활동하는 모습이 관찰되기도 했는데 필자도 강원도 양구 지역에서 낮에 활동하는 것을 직접 관찰하기도 했습니다.

애기박쥐과에 속하고, 국내 관코박쥐 Murina helgendorfi 와 유사하게 생겼지만 몸집이 작아 작은관코박쥐라 불리며, 관코라는 뜻은 코 모양이 관튜브처럼 생겨 붙인 이름입니다. 털색은 옅은 갈색으로 꼬리 비막, 발톱까지 털이 나 있는 것이 특징입니다. 멸종위기 야생생물 I급으로 지정하여 보호받는 만큼 우리나라의 서식 분포, 생태 특성에 대한 조사·연구가 필요한 실정입니다.

🦇 토끼박쥐 Plecotus ognevi

멸종위기 야생생물 II급으로 지정하여 보호하고 있으며, 생김새가 매우 귀여운 종입니다. 애기박쥐과토끼박쥐속에 속하며 귀가 토끼처럼 길어 토끼박쥐라는 이름을 붙였습니다.

귀가 길게 발달함과 동시에 이주耳珠, tragus. 귓바퀴의 앞쪽에 있는 볼록 튀어나온 부위도 크고 길게 발달되었습니다. 11월 이후부터 겨울잠에 드는데 주로 자연 동굴, 폐광에서 한 개체 또는 여러 개체가 모여 겨울잠을 자는 것을 볼 수 있습니다. 토끼박쥐는 기다란 귀를 날개 옆으로 접어두고 이주만 밖으로 내놓은 형태로 겨울잠을 잡니다.

귀가 길게 발달한 토끼박쥐(위), 겨울잠을 자는 토끼박쥐(아래) ⓒ 윤광배

활동기에는 산림에서 활동하며 나비, 나방 등을 잡아먹는 것으로 알려졌습니다. 날갯짓이 워낙 빠르고 정지비행을 하며 나뭇잎이나 땅바닥, 나무에 붙어 있는 먹이를 먹습니다.

박쥐는 어디에서 살아갈까?

대부분 우리는 박쥐가 사는 곳이라면 동굴, 폐광을 떠올릴 것입니다. 하지만 박쥐는 종 수가 많은 만큼 다양한 장소에서 잠을 자고 휴식을 취하며 먹이 사냥을 합니다. 과일박쥐를 비롯한 대형 박쥐들은 주로 사계절에 열매가 열리는 열대나 아열대에 살아갑니다. 잠자리는 나무의 수관부_{canopy, 나무 꼭대기가 서로 맞닿아 지붕 모양으로 우거진 곳}나 관목의 덤불을 이용합니다.

온대 지역에 분포하는 종들은 추운 겨울을 견뎌야 합니다. 온대 지역 박쥐들은 과일박쥐와는 다르게 주로 자연 동굴이나 폐광을 잠자리 또는 겨울잠_{동면} 장소로 이용합니다. 종에 따라 조금씩 차이는 있지만, 활동기

폐광에서 겨울잠을 자는 관박쥐 ⓒ 윤광배

에는 바위 틈, 나무 틈, 교량, 가옥, 건물 등을 휴식처로 삼기도 합니다.

© 윤광배

활동기에 가옥 천장에서 휴식을 취하는 관박쥐

예를 들어 국내에 서식하는 붉은박쥐는 활동기에는 산림을 중심으로 먹이 활동과 휴식을 취하다가 추위가 다가오면 겨울잠을 자기 위해 동굴로 들어가는 종이고, 작은관코박쥐는 동굴이나 폐광을 전혀 이용하지 않는 것으로 알려졌습니다.

박쥐의 형태 특징

박쥐는 사람처럼 새끼를 낳아 젖을 먹이며 기르는 '포유류'입니다. 설치류와 생김새가 비슷해 쥐로 보일 수 있으나 쥐와는 혈연관계가 가깝지 않습니다. 유전자 분석을 통해 다른 분류군들과의 계통 유전적 관계를 밝힌 국외 연구에 따르면, 박쥐는 설치류와 조상이 같지만 유전적 거리가 멀고 오히려 고슴도치, 땃쥐 등에서 분리되어 진화한 것으로 밝혀졌습니다. 하지만 박쥐는 다른 종들에 비해 화석 기록이 매우 부족하여 현재까지도 관련 연구가 어려워 계통 관계에 대해서는 학자들 간에도 의견이 분분합니다.

또한 조류처럼 하늘을 날아다니지만 뼈 구조는 조류와 많이 다릅니다. 박쥐의 날개는 앞다리가 변형되어 기다랗고, 다리와 연결된 발가락이 다섯 개 있습니다. 첫째 발가락은 거의 퇴화되었고 나머지 발가락은 길게 뻗어 있으며 그 사이에 얇은 날개막, 즉 비막飛膜이 있어 날아다닐 수 있는 것입니다. 비막은 뒷다리와 꼬리까지 연결되어 있어 비행뿐만 아니라 먹이를 포획하거나 방향을 바꾸고 비행 속도를 조절하는 역할을 합니다.

이러한 박쥐의 날개는 서식지 환경, 먹이 등에 따라 진화되어 왔기에 종별로 그 모양이 각기 다릅니다. 박쥐는 유일하게 자유로운 비행을 할 수 있는 포유류입니다. 포유류 가운데 공중을 나는 하늘다람쥐나 날다람쥐에도 비막이 있지만 이들은 공중에서 활강하는 형태로 짧은 거리를 이동할 뿐 박쥐처럼 자유롭게 비행한다고는 볼 수 없습니다.

박쥐의 생태 특징

살아가는 곳이 다양한 만큼 박쥐가 먹는 먹이도 다양합니다. 대부분 박쥐들은 곤충이 주요 먹이인 식충성 박쥐들로, 초음파를 사용하여 초저녁이나 밤중에 곤충을 찾아 사냥합니다. 식충성 박쥐 종별에도 차이가 있는데 곤충 가운데 모기, 나방, 파리 등을 주로 먹는 종이 있는가 하면 딱정벌레, 강도래, 날도래 등을 먹는 종도 있습니다.

과일박쥐는 이름에서도 알 수 있듯이 주로 과일이나 열매를 먹으며, 꽃꿀화밀과 꽃가루화분 등을 먹는 박쥐와 물고기, 양서류, 설치류 등을 먹는 박쥐들도 있습니다. 흡혈박쥐는 실제로 피를 먹는 박쥐로, 드라큘라처럼 피를 빨아 먹는 것이 아니라 동물이나 가축의 피부를 날카로운 이빨로 뚫어 흘러나오는 피를 핥아 먹습니다.

🦇 초음파를 사용하는 박쥐

박쥐들은 초음파를 이용한 탐지 능력이 뛰어나 방향을 정하거나 먹이 탐색, 포획, 속도, 방위, 고도 등에 대한 정보를 모두 초음파를 통해 얻습니다. 물론 짝짓기, 위험신호 등과 같은 사회적 의사소통도 초음파를 이용합니다. 초음파는 주파수가 20킬로헤르츠kilohertz, kHz. 1킬로헤르츠는 1초에 1,000회를 반복 또는 진동하는 것을 뜻함 이상의 음파를 말하며, 사람은 들을 수 없는 음역대입니다.

이러한 초음파는 각 종별로 다른 형태로 나타나며 환경 또는 행동에 따라서도 다릅니다. 여느 종과는 달리 시력이 퇴화되지 않고 발달하여 낮에 활동하는 일부 과일박쥐들은 초음파를 발산하는 구조가 다릅니다.

대부분 박쥐들은 혀를 튕겨서 초음파를 발산하지만 관박쥐 등과 같이 코 주변에 비엽鼻葉, 주둥이 부근에 살이 도드라져 콧마루처럼 된 것으로, 대개 여러 개로 갈라져 있음이 발달한 일부 박쥐에서는 코로 초음파를 내보내기

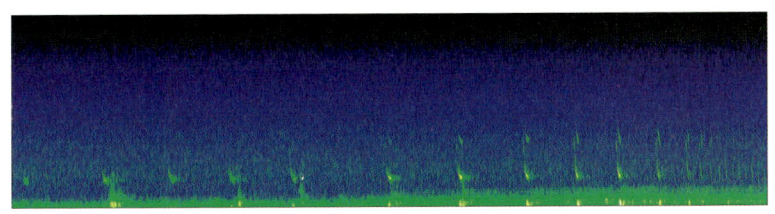

ⓒ 영남일보

혀를 튕기거나 코로 내보내는 박쥐 초음파(집박쥐)

도 합니다. 초음파를 발산하면 다시 튕겨져 나오는 초음파로 각종 정보를 얻는데 이 초음파를 들을 수 있는 수신기관인 귀도 여느 포유류의 기능에서 일부 바뀌어 진화했습니다.

박쥐의 귀는 대체로 큰 편이며 여러 각도에서 되돌아오는 초음파를 수신하기 위해 움직일 수 있습니다. 귓바퀴와 함께 발달한 '이주'라는 기관은 반사된 초음파를 집중하여 수신하거나 필요 없는 초음파를 걸러내는 기능이 있다고 알려졌습니다.

🦇 사회생활을 잘하는 박쥐

박쥐는 단독생활을 하기도 하지만 일반적으로는 집단군집 형태로 휴식을 취하거나 겨울잠을 잡니다. 박쥐 집단은 소수 개체를 이루기도 하지만 북미에 서식하는 박쥐 중 하나는 약 7백만 개체들이 모여 집단을 이루어 살아가기도 합니다. 가장 먼저 떠오르는 질문은 "과연 그렇게 큰 집단 안에서 박쥐들은 어떻게 서로 인식할까, 새끼는 어떻게 찾을까?" 하는 것입니다.

박쥐들은 서로 인식하기 위해 사회적 의사소통social call을 하며, 얼굴이나 날개에 있는 분비샘에서 발산되는 냄새나 페로몬pheromone 등도 이용합니다. 박쥐가 집단을 이루는 것은 체온을 유지하기 위해 열 손실을 줄이는 방법이기도 하며, 정보 전달, 먹이 교환, 겨울잠 장소와 휴식처 공유, 먹이 자원 알림, 새끼들의 육아를 위한 협동의 목적이 있을 것으로 보고 있습니다.

이러한 사회적 협동은 대표적으로 흡혈박쥐에서 잘 나타납니다. 흡혈박쥐 집단에서는 피를 먹지 못한 흡혈박쥐에게 다른 흡혈박쥐가 피를 나눠주기도 하며, 피를 받아먹은 박쥐는 나중에 피를 갚기도 하는 행동을 보입니다.

자연 생태계를 이끌어 가는 박쥐

지구상에서 절대로 없어지면 안 되는 종 가운데 박쥐가 포함되어 있습니다. 박쥐는 생태계에서 여러 가지 기능을 하는데 먹이 자원이 다양한 박쥐는 곤충과 해충의 조절, 꽃가루받이수분 매개, 씨앗 전파 등의 역할을 합니다. 열매를 먹는 열대 지역의 박쥐는 씨앗을 퍼뜨리고, 아프리카에 서식하는 박쥐는 바오바브나무의 꽃가루를 먹으면서 꽃가루받이 매개 역할을 합니다. 곤충도 꽃가루받이 매개 역할을 하지만 더 먼 거리를 이동하고 몸집이 큰 박쥐가 매개하는 꽃가루받이와는 비교하기 힘들 것입니다.

이와 같이 식물 생태계에 큰 영향을 미치는 박쥐가 있는가 하면, 동물 생태계에도 큰 영향을 미치는 박쥐도 있습니다. 식충성 박쥐는 하루에 모기를 약 2,000마리나 먹어 치우는 것으로 알려졌습니다. 이러한 특성은 국외에서 유기농 농업에 활용되기도 합니다. 농장 주변에 박쥐 서식지를 알맞게 마련하여 농장으로 식충성 박쥐를 유도하여 해충을 조절하기도 합니다. 또한 동굴 안 휴식처에 머물 때 배설하는 배설물에는 구아노guano, 질소나 인산이 들어 있어 비료로 쓰이기도 함가 풍부해 동굴 속에서 살아가는 미생물이나 무척추동물 등의 생물에 유기물을 제공하면서 동굴 생태계를 유지하는 역할도 합니다.

멸종위기에 처한 박쥐를 보전하는 방법

세계자연보전연맹IUCN: International Union for Conservation of Nature and Natural Resources은 전 세계 박쥐 중 200여 종 이상의 박쥐가 위협에 처해 있다고 발표한 바 있습니다. 주 서식지인 산림이 훼손되고 서식지 파편화로 잠자리, 휴식이나 겨울잠을 자는 장소 등이 교란되면서 생존에 위협을 받고 있습니다.

농업이 발달하면서 살충제를 사용하여 먹이 자원인 곤충이 줄어들고, 겨울잠이나 휴식을 취하는 장소로 이용하는 자연 동굴은 관광자원으로 활용되거나, 폐광의 경우 안전상의 이유로 입구를 봉쇄한다든가 폐광에서 흘러나오는 물에 대한 환경문제로 없애기도 합니다.

최근 기후온난화가 지속되면서 기온 상승, 극단적인 기후변화 등으로 생태계가 급격하게 변화하는 상황입니다. 대부분의 박쥐들은 열대·아열대 지역을 비롯하여 온대 지역에도 분포하는데 특히 온대 지역에 서식하는 박쥐를 비롯한 생물종들은 기후변화에 매우 민감하다고 알려졌습니다. 예를 들면 박쥐가 겨울잠을 자는 동굴이나 폐광 내부에 온도와 기후변화가 생기면 내부 온도와 기후에 민감한 박쥐에게는 치명적일 수 있습니다.

기후변화는 서식 환경, 분포 지역 이외에도 박쥐의 먹이 활동에도 영향을 미칠 수 있습니다. 다시 말해 꿀, 꽃가루, 꽃, 과일 등을 먹는 박쥐에게는 식물들의 생장에 따라 먹이 활동에 영향을 받으며, 곤충을 먹는 식충성 박쥐에게는 곤충 생태계에 영향이 있을 경우 먹이 활동에 심각한 문제를 일으킬 수 있습니다.

박쥐를 보전하는 활동 중에는 인공적인 잠자리를 마련해 주는 방법이 있습니다. 예를 들어 박쥐집bat house이라는 보금자리를 산림이나 서식지에 마련해 주거나 자연 동굴을 활용한 관광에서 동굴 내부의 조명 최소화와 입구 차단, 관광객을 적절히 통제하여 자연 동굴 안 서식지를 보전하는 방법이 있습니다.

필자가 방문했던 말레이시아의 바투 동굴Batu cave을 한번 살펴볼

자연을 체험할 수 있는 바투 동굴 ⓒ 윤광배

까요? 그곳에는 엄청난 수의 박쥐가 서식하고 있고, 동굴과 동굴 안에 서식하는 박쥐를 비롯한 생물들을 직접 체험할 수 있는 생태관광 프로그램을 운영하고 있습니다. 해당 프로그램은 안내자가 있어 설명을 들을 수 있으며, 동굴 내부에 들어갈 때는 조명, 랜턴 등을 안내자 외에는 가지고 갈 수 없습니다. 동굴 내부에 서식하는 생물에게 영향을 미치기 때문입니다. 실제로 박쥐들을 잘 관찰할 수는 없지만, 국내 자연 동굴의 관광과는 다른 차원에서 자연을 체험할 수 있는 공간으로 활용하는 좋은 예라 할 수 있습니다.

박쥐의 서식지로 적합한 자연 동굴(위)이나 폐광(아래) ⓒ 윤광배

폐광의 경우, 입구에 박쥐가 원활히 이동하면서 드나들 수 있게 설계한 차단시설을 설치하여 안전을 위해 사람을 통제하면서 박쥐 서식지를 보전하는 방법이 있습니다. 또 주로 산림에서 생활하는 박쥐들에게는 산림의 조성 환경이 매우 중요하게 작용하는데 고사목이나 물을 먹을 수 있는 공간을 인위적으로 마련해 보전하는 방법도 있습니다.

우리나라에는 멸종위기 야생생물 박쥐 3종을 포함한 24종의 박쥐가 서식함에도 보전에 대한 노력은 매우 부족한 실정입니다. 보전을 위한 노력에는 환경적인 것도 포함되어야 하지만 그보다는 먼저 우리나라에 서식하는 박쥐에 대한 생태 특징과 분포, 서식지에 대한 연구가 활발하게 이루어져야 할 것입니다.

03

향기로 멸종위기에 처한

사향노루

....

천연기념물 | 제216호

금보다 비싼 향료, 사향

여러분은 누군가의 향기에 자신도 모르게 호감을 느낀 적이 있나요? 그 향기에 매력을 느끼거나 나만의 향기로 나를 돋보이게도 합니다. 이처럼 향기란 것은 생각보다 강한 힘을 가지고 있습니다. 하지만 이 때문에 위기에 처한 야생동물이 있습니다. 이성의 마음을 사로잡는 유혹의 향, 나를 돋보이게 하는 매혹의 향에서 빠지지 않고 언급되는 향은 바로 사향麝香, musk 입니다. 사향에는 이성을 유혹하는 '사랑의 묘약'이라고도 하는 페로몬이 포함되어 있습니다.

실제로 당대 최고의 미녀로 알려진 클레오파트라나 양귀비, 황진이 등도 사향을 탄 물에 목욕을 하거나 베개를 만들어 사용했으며, 주머니에 사향을 넣어 항상 몸에 지닐 정도로 즐겨 사용했다고 합니다. 또한 사향은 예부터 한의학에서 인삼, 녹용, 웅담과 함께 가장 귀하게 여기는 4대 한약재로 우리 선조들의 사랑을 받기도 했습니다.

이처럼 사향노루에서 생산되는 사향은 아주 오래전부터 귀중한 약재와 향료로 동서양에서 모두 이용했습니다. 사향은 3년생 이상의 수컷에서 채취할 수 있고, 이를 얻으려면 적어도 사향노루 3~4마리를 사냥해야 합니다. 그러다 보니 수요에 비해 공급이 늘 부족하여 금

보다 비싼 가격에 거래되고 있습니다. 동서양을 막론하고 몇 안 되는 동물성 향료 가운데 금보다 비싼 향료인 이 사향으로 말미암아 사향노루가 전 세계적으로 멸종위기에 처한 것입니다.

지난날 우리나라에는 사향노루가 지리산에서 백두산에 이르기까지 고루 분포했지만, 고가의 한약재인 사향을 얻으려는 밀렵꾼들에게 희생되어 1960년대부터 그 수가 줄어들기 시작하여 멸종위기에 처해 있습니다.

사향노루는 어떤 동물일까?

사향노루Moschidae는 극동 러시아, 몽골, 중국, 한국, 베트남, 미얀마, 히말라야, 인도, 파키스탄, 아프가니스탄, 카자흐스탄, 키르기스스탄 등 전 세계적으로 동아시아와 중앙아시아 지역의 산림지대에 서식하고 있습니다.

사향노루는 여느 사슴류와는 달리 다 자란 수컷에서 보이는 뿔이 없는 대신 암수 모두 송곳니가 나 있는 원시사슴의 형태입니다. 또한 간에 쓸개가 있고 수컷의 배와 배꼽 뒤쪽에 사향선麝香腺이 있습니다. 3년생 수컷 사향노루는 이 사향선에서 사향을 분비하는데 이는 노루와 다릅니다.

사향노루의 분류 체계는 아직 명확하게 정리되지 않아 연구자에 따라, 또는 지역에 따라 아종을 따로 구분하기도 하는데 일반적으로 현재 5아종이 있는 것으로 의견이 모아지고 있습니다.

국명	학명	몸무게 (kg)	털색	목선	귀 주변
원사 (原麝, 시베리아사향노루)	Mochus moschiferus	9~13	몸에 계수나무색 반점이 있음	있음	갈색
임사 (林麝, 난쟁이사향노루)	Mochus berezovskii	7~9	온몸이 암갈색이고 엉덩이 부분이 더 짙음	있음	갈색
마사 (馬麝, 산사향노루)	Mochus chrysogaster	10~15	목 뒤에 갈색 반점이 있음	있음	종황색
흑사 (黑麝, 검은사향노루)	Mochus fuscus	7~9	온몸은 흑갈색이지만 변이가 많음	없음	흑갈색
히말라야사향노루	Mochus leucogaster	11~15	온몸이 갈색이며 엉덩이 부분이 더 엷음	없음	연한 갈색

사향노루 5아종의 외부 형태학적 식별 방법

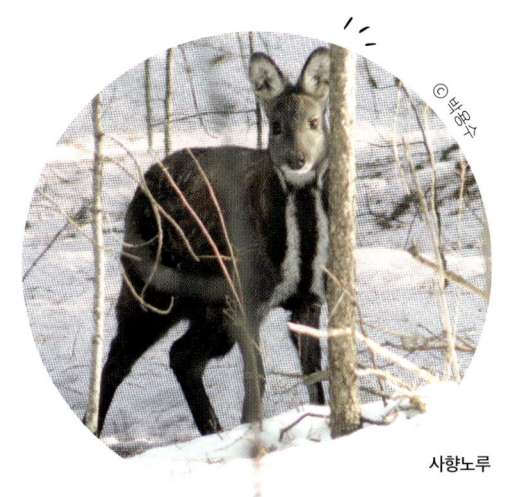

© 박용수

사향노루

원사의 세계적 분포

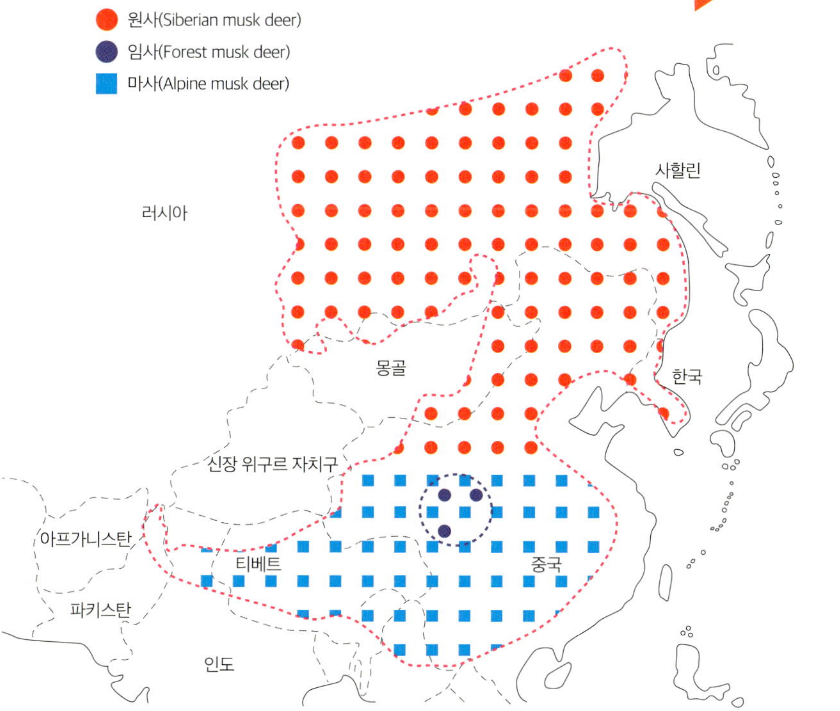
원사(Siberian musk deer)
임사(Forest musk deer)
마사(Alpine musk deer)
러시아
사할린
몽골
한국
신장 위구르 자치구
아프가니스탄
티베트
중국
파키스탄
인도

원사의 형태 특징

시베리아사향노루라고도 하는 원사는 중국, 몽골, 러시아, 한반도에 주로 서식합니다. 원사의 생김새는 멀리서 보면 고라니와 비슷한데 고라니보다 작고고라니 1년생만 한 크기 네 다리와 발굽이 작으며 몸의 털색이 다릅니다.

다리는 튼튼하며 앞다리는 뒷다리보다 짧고, 발굽이 바위 절벽이나 나무 위를 기어오르는 데 미끄러지지 않게 되어 있습니다. 발가락은 4개로 가운데 두 발가락제3, 제4이 발달하여 몸을 지탱하고, 곁발가락제2, 제5은 짧아서 몸의 체중이 실리지 않아 땅을 디딜 때 겨우 닿을 정도입니다.

수컷의 송곳니 길이는 약 5센티미터 정도이며, 암컷의 송곳니는 그보다 작아서 겉으로 잘 드러나지 않습니다. 몸의 털색은 머리부터 등 쪽은 암갈색이고 뺨과 눈, 귀 사이에 무늬가 있습니다. 주둥이는 황백색이 섞여 있으며 귀 속은 흰색, 귀 밖은 회색이며 끝은 검은색입니다.

사향노루의 특징인 흰색 두 줄

눈에서부터 목 좌우에 너비 약 2센티미터의 흰 줄이 앞가슴을 지나 앞다리 안쪽까지 내려오며, 목 뒤에서 허리까지 암갈색을 띠고 유백색의 무늬가 섞여 있습니다.

몸의 아랫부분은 갈색과 흰색 두 가지 색이 섞여 있으며, 꼬리는 암갈색이고 꼬리의 아래쪽은 흰색이 섞여 있습니다. 꼬리 주변의 엉덩이 부위는 흰색으로 경계가 뚜렷하지 않으며, 갈색 바탕의 몸통에는 작고 뚜렷한 점무늬가 불규칙하게 흩어져 있습니다.

사향노루는 네 개의 발가락을 자유롭게 움직일 수 있고, 아주 험악한 경사지나 절벽을 수월하게 달리기도 하는 산림성 동물입니다. 보통 천천히 걸어서 이동하지만 긴 거리를 이동할 때에는 뛰어가기도 합니다.

사향노루는 다니는 길이 고정되어 있고, 시각과 청각이 매우 예민하고 겁이 많아 조금이라도 이상한 소리가 나면 재빨리 도망쳐 바위틈에 몸을 숨깁니다. 여느 사슴류와 마찬가지로 사향노루도 사람을 보면 도망치는데 30~40미터를 가다가 뒤돌아보는 습성이 있어 사냥꾼들의 표적이 되기도 합니다.

원사의 모습

사향노루의 울음소리는 갑작스럽게 놀랐을 때에는 "케게-켁, 켁" 또는 "켁, 켁" 소리를 내며 수컷과 암컷 모두 울음소리가 똑같습니다.

수컷이 암컷을 추적할 때 쉴 새 없이 이와 같은 소리를 내면서 쫓아가기도 합니다. 새끼의 울음소리는 새끼 염소의 울음소리와 비슷한데 더 가늘고 깁니다.

원사의 생태 특징

사향노루는 바위가 많은 1,500미터 이하의 침엽수림과 혼합림 지역에서 살아갑니다. 간혹 산림의 평지와 계곡에도 서식하지만 주로 바위가 많고 땅에 이끼가 빽빽이 나 있는 서식지를 좋아합니다.

사향노루과의 공통적인 특징은 여느 사슴류와 달리 쓸개가 있으며, 성숙한 수컷의 배꼽과 생식기 사이에 사향주머니가 있습니다. 발정기에는 사향선에서 냄새가 강하고 찐득찐득한 사향을 사향주머니로 분비하며, 사향주머니는 길이 4~6센티미터, 너비 3센티미터, 두께 2~5센티미터에 달걀 모양입니다.

발정기에는 사향주머니에 분비물이 너무 많아 두 개의 작은 구멍 중 앞 구멍으로 분비물을 몸 밖으로 내보냅니다. 그 냄새는 100미터까지 퍼져 나가며, 사향주머니에는 최대 30그램의 사향이 들어 있기도 합니다. 사향노루가 전 세계적으로 멸종위기에 처한 원인은 바로 3년생 수컷에서 분비되는 사향 때문입니다.

수컷의 사향선이 발달하는 번식기에는 다른 때보다 사향을 많이 분비하여 냄새가 멀리까지 짙게 퍼집니다. 이 시기에 사향노루는 영역을 표시하기 위해 계속 분비되는 사향을 나뭇가지나 바위 등에 문지르고 다닙니다. 이는 암컷을 유혹하기 위한 전략입니다.

짝짓기는 12월 초순부터 시작됩니다. 짝짓기를 위한 이동과 구애 행동은 11월 하순부터 시작되며, 구애 행동과 교미는 다른 사슴류보다 훨씬 늦습니다. 대체로 눈이 많이 쌓였을 때에 이루어지는 것이 보통 사슴류와는 다른 점입니다.

번식기에 수컷은 암컷 2~3마리를 따라다닙니다. 암컷 한 마리에 수컷 2~3마리가 동시에 따라 다니는 경우도 있습니다. 이때 수컷들은 암컷을 차지하기 위해 맹렬하게 싸움을 벌입니다. 송곳니로 서로 싸우다가 심하게 다치기도 하는데, 주로 배 쪽과 양 옆구리, 목과 같은 곳에 상처를 입게 됩니다. 피를 많이 흘려 죽을 지경이 되어도 서로 싸움을 멈추지 않습니다.

간혹 두 수컷이 암컷을 차지하려고 싸움을 벌이는 틈에 엉뚱한 수컷이 나타나서 숨어 있는 암컷에게 접근하여 교미하기도 합니다. 교미는 항상 걸어가면서 이루어지는데 교미가 끝나면 암컷은 수컷이 무관심해질 때까지 피해 달아납니다.

수컷은 교미가 끝나고 봄이 될 때까지 일정한 지역에서 홀로 지내며 포식자의 접근이 어려운 바위나 절벽에서 생활합니다. 암컷과 어린 새끼들은 경사가 심하지 않은 산림지대에서 살아갑니다.

사향노루의 짝짓기

암컷은 4월 하순부터 새끼를 낳기 시작하여 6월 중순이 되기 전에 출산을 끝냅니다. 새끼를 낳기 위해 암컷은 험준한 바위를 떠나 사방이 막힌 곳을 찾아서 보금자리를 만들지 않고 새끼를 1~3마리 낳습니다.

막 태어난 새끼는 매우 작고 연약해 어미는 상당히 오랫동안 젖을 먹여야 합니다. 어미가 잠시 자리를 비운 사이 위험이 닥치면 새끼는 바위와 바위 사이에 잘 숨어 있기 때문에 여간해선 찾기 힘듭니다. 새끼는 그곳에 오랫동안 숨어 있다가 자리로 돌아온 어미의 목소리를 듣고서야 비로소 기어 나와 어미의 젖을 빨기 시작합니다.

새끼가 자유롭게 어미를 쫓아다닐 수 있을 정도로 성장하면 어미는 새끼를 풀밭과 개울로 데리고 다니기 시작해서 다음 번식 시기까지 여러 장소를 옮겨 가며 살아갑니다.

사향노루의 서식 장소는 여름이나 겨울에는 같지만 수컷과 암컷,

어린 새끼들의 서식 장소는 서로 다릅니다. 수컷은 1년의 대부분을 홀로 생활하지만 암컷과 새끼들은 작은 집단을 이루어 함께 살기도 합니다.

눈 속의 사향노루

먹이는 주로 이끼류를 먹습니다. 여름에는 관목과 교목의 싹눈, 잎, 침엽수의 잎과 연한 풀들도 먹고, 겨울에는 이끼 외에 소나무, 잣나무의 가는 가지와 싹눈을 먹습니다. 추운 겨울에는 앞발로 눈을 헤치고 지의류를 캐먹으며, 간혹 소금기가 있는 곳을 찾아가 염분을 섭취하기도 합니다. 주로 아침과 저녁에 먹이 활동을 하고 낮에는 쉽니다.

멸종위기에 처한 사향노루 복원 방법

사향노루는 현재 서식하는 지역과 개체수에 따라 CITESConvention on International Trade in Endangered Species of Wild Flora and Fauna, 멸종위기에 처한 야생동식물의 국제 거래에 관한 협약 부속서 I상업 목적의 국제 거래 금지과 II야생생물 군집에 손상이 없다는 수출국의 허가서 발행을 조건으로 국제 거래 허용에 속하는 종으로 전 세계적으로 보호·관리하고 있습니다. 우리나라 역시 멸종위기 야생생물 I급, 천연기념물 제216호로 지정하여 법적으로 보호하고 있습니다.

현재 국내 사향노루는 30개체 미만으로 최소 생존 개체수 이하로 서식하고 있으며 주로 강원도 민통선 지역에 살고 있습니다. 최소 생존 개체수란 자연재해 또는 구제역이나 조류독감AI: Avian Influenza 같은 질병으로 그 종이 멸종되지 않을 최소한의 수를 말합니다. 지금 사향노루는 자연재해나 질병으로 내일 당장 남한에서 절종되어도 이상하지 않은, 매우 적은 개체수가 간신히 명맥을 유지하고 있다고 할 수 있습니다.

멸종위기에 처한 국내 사향노루를 복원하려면 먼저 현재 국내에 남아 있는 사향노루의 정확한 개체수를 파악해야 합니다. 또한 지역에서 생존에 위협을 받는 개체는 적극적으로 포획하여 그 지역 밖에서 개체수를 늘릴 수 있는 인공증식 기술의 개발과 몽골·러시아·북한 등에서 개체를 도입하여 국내에 서식하는 사향노루의 유전적 다양성을 높일 수 있는 복합적인 복원 방법을 동시에 적용해야 할 것입니다.

04

사라져 가는 그 이름,
산양
....

세계자연보전연맹 적색목록 | **취약(VU)**
천연기념물 | **제217호**

산양에 관한 오해와 진실

산양을 연구한다고 소개하면 사람들은 대체로 "얼마나 많이 살고 있나요?", "산양은 어떻게 생겼나요?", "어디에 살고 있나요?" 등등 산양에 관한 기본적인 질문을 하지만, 가끔 어떻게 하면 산양을 분양받을 수 있는지 묻기도 합니다. 산양을 분양해 달라니, 왜 이런 질문을 할까 궁금했습니다.

처음에는 당황스럽고 이해하기 쉽지 않았습니다. 산양 하면 당연히 멸종위기 동물이라 생각할 줄 알았는데 그렇지 않았습니다. 일반적으로 생각하는 산양이란 동물은 자연에서 살고 있는 산양이 아니라는 의미이기도 합니다. 그래서 보통사람들의 생각을 확인해 보기로 했습니다. 검색창에 산양을 입력하니 의외로 제일 많이 검색되는 것이 산양 분유였습니다. 또한 검색된 많은 사진들은 외국 산양이나 가축으로 들여온 염소류 사진들이었습니다. 사정이 이러다 보니 우리나라에 살고 있는 산양에 대한 올바른 이해가 어려웠던 것입니다.

'산양유'는 산에 놓아기르는 가축의 젖을 짜서 만든 제품들입니다. 그러니 젖을 짜는 산양을 제일 먼저 떠올리는 것은 당연합니다. 이 젖을 짜는 산양은 외국에서 들여온 염소의 한 종인 '자넨Saanen'입니다.

당당한 산양의 자태(사진 제공: 산양증식복원센터)

이 동물을 들여와 산에 놓아기르며 젖을 짜서 산양유를 생산하는 것이지요.

산양을 키우는 곳이 한정되어 있어 우리나라는 대부분 뉴질랜드에서 놓아기르는 가축의 산양유를 들여와 사용한다고 합니다. 우리가 알고 있는 멸종위기 동물 산양과는 완연히 다른 종입니다. 그럼에도 산양 하면 떠오르는 단어는 '산양유' '산양 산삼산삼 씨앗을 깊은 산속에 뿌려 자연 상태에서 오랫동안 키운 삼' 등 실제 산양과는 거리가 있는 것들입니다.

산양이 이 땅에서 제대로 살아가려면 이런 오해부터 풀어야 합니다. 산양에 대한 올바른 이해는 관심에서 시작될 것입니다. 산양은 어떤 동물인지, 왜 사라져 가고 있는지, 어떻게 살아가는 동물인지 등등 그들을 제대로 이해해야 합니다. 다시 말해, 산양이란 동물을 제대로 알아야 보호하고 보전할 수 있음을 먼저 인식해야 합니다. 그래야 그들이 처한 어려움을 알고 함께 살아가는 방법을 찾을 수 있을 것입니다.

산양뿐 아니라 우리 주변에는 이름만 남기고 사라진 동물들이 너무 많습니다. 분명 우리나라만의 문제는 아닙니다. 사라진 동물들은 그 이유도 다양합니다. 수많은 이유들이 있지만 그중 가장 공감하는 이유는 인간과의 관계가 아닐까 싶습니다. 인간 활동으로 발생된 많은 문제들이 산양 감소의 주요 원인입니다. 서식지 파괴와 남획, 인간에 의한 서식지의 지나친 이용, 서식지 내의 가축 사육과 농경지화, 한약재 그리고 고기 이용 등을 들 수 있습니다.

산양의 형태와 생태 특징

산양영명: Long-tailed goral, 학명: *Naemorhedus caudatus*이란 라틴어로 숲, 수풀grove을 뜻하는 nemus, nemoris에서 기원했으며, '숲속의 작은 양'이라는 뜻입니다. 한자의 어원을 살펴보면 '양羊'은 뿔이 난 숫양을 보고 그 모양을 본떠서 만든 상형문자입니다. 낮은 평지가 아닌 높은 산에 주로 사는 양이라 하여 산양山羊이라 불렀습니다.

산양은 포유강 소목 소과에 속하는 종입니다. 동부 러시아, 북동 중국 및 한반도에 분포합니다. 또한 세계자연보전연맹IUCN 적색목록Red

산양의 서식지 설악산

List, 세계적으로 멸종위기에 처한 생물들의 명단, 2~5년마다 분류하여 지정에 취약VU: Vulnerable Category 등급으로 분류되어 있습니다. 멸종위기 야생동식물의 국제 거래에 관한 협약 CITES의 부속서 I에도 올라 있는 국제 보호종입니다. 한국 산양은 환경부 멸종위기 야생생물 I급 및 천연기념물 제217호로 지정되어 보호받고 있습니다.

산양은 전형적인 산악 동물이며, 산림지대 지표종입니다. 그 존재 자체만으로도 그곳의 자연이 얼마나 건강성이 높은지를 상징합니다. 산양은 설악산, 월악산처럼 높은 산의 험한 바위 벼랑을 서식지나 휴식처로 많이 활용합니다. 이른 아침과 저녁에 가까운 숲속으로 들어가 풀을 뜯고 밤에는 안전한 보금자리로 돌아가 잠을 잡니다. 거의 같

새끼를 돌보는 어미 산양

은 곳을 쉼터로 쓰고 분변도 같은 곳에 배설하는 버릇이 있습니다.

산양의 생김새 특징을 살펴보면 몸무게는 22~32킬로그램 정도, 어깨 높이는 55~80센티미터이며, 뒤로 굽은 원통형의 뿔이 있습니다. 개체들의 털색은 조금씩 차이를 보이지만 대체로 밝은 회색, 짙은 적갈색이고, 가슴과 목, 배는 부분적으로 밝으며, 등 부위에 짙은 줄무늬가 있습니다.

먹이는 계절에 따라 바뀌지만 주로 사초과_{외떡잎식물의 한 과} 식물이나 초본류, 나뭇잎 등 다양하게 먹습니다. 먹이가 적은 겨울철에는 나무껍질이나 바늘잎나무_{침엽수}의 잎, 이끼와 설악산의 경우 낙엽과 조릿대 잎을 많이 먹는 것으로 알려졌습니다. 산양은 가을철에 짝짓기를 해서 이듬해 봄에 새끼를 1~2마리 낳고 홀로 또는 가족 단위로 작은 무리를 이루며 삽니다.

헛개나무를 키우는 일등 공신

"선서! 나는 죽기 전 나와 닮은 많은 자손을 남길 것을 선서합니다." 생명은 태어나면서 원하든 원하지 않든 이런 책무를 가지고 태어납니다. 그렇다고 모든 생명이 자손을 남기지는 않습니다. 자손을 번식하는 방법도 다양합니다. 어떤 생명은 성性의 구별 없이 부모를 그대로 복사합니다. 박테리아 같은 원핵생물이 주로 이런 방식으로 번식합니다. 하지만 또 다른 방식을 선택한 생물은 암수가 함께 번식에 참여합니다. 엄마와 아빠가 있고, 이들에게 받은 유전자를 통해 생명이 이어집니다.

특히 움직이지 못하는 식물은 꽃가루와 씨앗을 퍼뜨리거나 꽃가루받이를 하는 데 동물의 도움이 절대적으로 필요합니다. 씨앗이 싹을 틔우고 열매를 맺어 부모의 유전자를 유지하면서 생명은 순환됩니다. 그런 까닭으로 식물들은 매우 다양한 방법으로 생명을 보전합니다. 바람이나 물 같은 자연의 도움을 받거나 동물을 이용하기도 합니다. 때론 스스로 먹혀서 새로운 지역에 자리를 잡는 경우도 있습니다.

초식동물의 주요 먹이원인 식물과 이를 먹는 동물은 한배를 탄 운명 공동체입니다. 이러한 자연의 섭리를 산양을 연구하면서 깨닫게 되었습니다. 산양을 찾기 위한 조사에서 가장 쉽게 확인할 수 있는 것은 단연코 똥입니다. 똥 안에 숨겨 있는 다양한 정보를 찾기 위해 똥

수북하게 쌓인 산양 똥자리(위),
산양 똥 안에 들어 있는 헛개나무 씨앗(아래) ⓒ 이배근

을 이리저리 분석합니다.

겨울철 산양 서식지를 조사하던 중 헛개나무 군락지에 수북하게 쌓인 산양 똥을 발견했습니다. 산양 개체수를 확인하기 위해 똥의 크기를 측정한 뒤 똥 속에 무엇이 있을까 궁금했습니다. 똥을 반으로 잘라 보니 그 안에는 헛개나무 씨앗이 들어 있었습니다. 산양이 헛개나무 열매를 먹고 배변한 것입니다. 헛개나무 열매는 단맛이 강하며 향긋합니다. 산양이 겨울철에 먹을 것이 부족할 때 즐겨 먹는 먹이 자원입니다. 노루, 너구리, 오소리 등 많은 동물들도 즐겨 먹습니다.

헛개나무는 숙취에 좋다고, 아니 간 기능 회복에 좋다고 소문난 약재입니다. 특히 음료로도 개발되어 판매되고 있습니다. 술을 한잔 하고 난 아침이면 생각나는 음료이지요. "헛개나무를 먹으면 술이 헛것이 된다"고 하여 붙인 이름입니다.

헛개나무 열매가 들어 있는 산양 똥을 보면서 재미있는 생각이 떠올랐습니다. 자연의 순리를 실험을 통해 알려주고 싶었습니다. 헛개나무 열매는 껍질이 두껍고 단단해서 자연 발아가 거의 되지 않습니다. 일반적으로 헛개나무 열매를 심을 때 묽은 황산 등으로 씨앗 껍질을 부드럽게 만듭니다.

그런데 어떻게 산 속에 이처럼 풍성한 군락을 이룰 수 있었을까요? 동물과의 관계 형성이 없으면 쉽지 않은 일일 것입니다. 그래서 산양 똥을 주어다 그대로 심었습니다. 과연 얼마나 많은 똥에서 헛개나무 새싹을 확인할 수 있을까요? 여기에서 멈추지 않고 산양이 헛개나무 발아에 미치는 영향을 알아보기 위한 연구를 진행했습니다.

결과는 참으로 놀라웠습니다. 산양이 먹어 소화관을 거쳐 배설된 헛개나무 씨앗의 32.5퍼센트가 싹을 틔웠습니다. 반면, 자연 상태에서 수집한 씨앗은 0.8퍼센트밖에 싹을 틔우지 못했습니다. 발아율의 차이가 무려 40여 배가 넘었습니다.

이러한 결과는 자연스럽게 산양이 먹고 되새김하는 동안 일어나는 것으로 추정했습니다. 씨앗의 두꺼운 껍질이 산양의 위산 등에 의해 소화되어 종자 발아를 촉진한 것입니다.

헛개나무 종자의 발아 실험

동물과 식물이 한배를 탄 공동체로 진화된 공진화의 결과라고 할 수 있습니다. 산양은 헛개나무 열매를 먹고 이곳저곳에 퍼뜨립니다. 그 결과 헛개나무가 번성해지고 그로 인해 자신의 먹이가 풍성해집니다. 결국 자신에게 이익이 되는 전략입니다.

발아에 미치는 영향은 소화를 통해 종자 껍질을 부드럽게 하는 것으로만 끝나는 것이 아닙니다. 씨앗을 품은 똥은 발아를 위한 영양분이 됩니다. 똥에서 꺼내어 심은 씨앗보다 똥과 함께 그대로 심은 씨앗의 발아율이 약 세 배 높았습니다. 산양은 헛개나무를 키우는 데 일등 공신인 것입니다.

산양과 함께 살아가기

왜 산양은 이렇게 일부 지역에만 살고 있는 국지적 멸종위기에 놓이게 되었을까요?

사람이 산양 멸종에 기여한 내용은 기존 자료에서 찾을 수 있습니다. 1964년과 1965년 대폭설로 강원도에서 포획된 산양이 각각 삼천 마리였다고 합니다. 지게 작대기로 때려잡았다고 기록되어 있는데 실제로 가능한 일일까요? 자료를 보면서 이런 의문이 들었는데 설악산에서 산양을 연구하면서 가능하다는 것을 알게 되었습니다.

설악산 겨울은 눈과 떼려야 뗄 수 없을 정도로 참 많이 내립니다. 눈이 쌓이면 동물은 활동하기가 점점 힘들어집니다. 겨울철은 동물에게 모질고 힘든 시기입니다. 특히 눈이 많이 내리는 설악산에서는 더욱더 힘이 듭니다. 쌓인 눈 속에 고립되기 쉬워 동물들이 살기가 어

눈 속에 고립된 산양

렵습니다. 겨울 동안 설악산 곳곳에서 고립된 동물을 확인하는 것은 그리 어려운 일이 아닙니다.

산양도 예외가 될 수 없습니다. 눈에 빠져 허우적대다가 탈진하거나 그 자리에서 움직이지 못하고 죽는 경우도 있습니다. 바위틈에서 나오지 못하고 굶주리기도 합니다. 눈이 녹을 때까지 기다려 간신히 생명을 유지하기도 하지만 그렇지 않을 때도 있습니다. 눈이 가슴 정도까지 쌓이니 산양은 눈에서 움직이지도 못하고 그냥 고립됩니다. 눈이 내리면 이곳에서는 설피雪皮, 눈에 빠지지 않게 신 바닥에 대는 넓적한 덧신. 칡, 노, 새끼 따위로 얽어서 만듦를 신고 다닙니다. 그러면 눈에 빠지지 않고 다닐 수 있습니다. 이런 상황이니 지게 작대기 하나면 충분합니다. 산양을 때려잡기에!

산양은 국지적 멸종위기 동물입니다. 국지적 멸종이란 말 그대로 지역적으로 고립된 상태를 말합니다. 서식 범위가 넓게 분포되어 있었으나 서식지가 훼손되고 파편화되어 좁은 지역에서 고립되어 살아가는 것을 의미합니다. 산양이 바로 이런 국지적 멸종에 처한 동물입니다. 1980년대까지만 해도 산양은 전국에 분포했습니다. 하지만 지금은 강원도, 경상도 등 일부 지역에서만 살고 있습니다. 좀 더 자세히 살펴보면 DMZ 일원, 양구, 화천, 인제, 설악산, 봉화, 삼척, 울진, 월악산 등입니다.

산양의 자연 방사는 1994~1997년 당시 산림청이 삼성에버랜드 동물원에서 키우던 산양 여섯 마리를 충북 제천의 월악산에 방사한 것이 시초였습니다. 2007년 4월에 본격적으로 양구, 화천 지역에 서식하는 산양 열 마리를 월악산에 방사하여 산양 복원사업을 시작했습니다. 산양의 근친교배에 따른 도태를 방지하고 장기적으로는 백두대간 산양 서식권을 하나로 연결하기 위함입니다.

월악산 산양 복원은 2020년까지 단기적 목표인 50마리를 목표로 시작되었습니다. 2020년 현재 월악산에는 100마리 이상의 산양이 서식하는 것으로 파악되었습니다. 자연 방사 22마리와 적응 후 출산 등으로 78마리가 늘었습니다. 산양에 부착된 GPS 자료를 분석한 결과 일부 수컷이 월악산과 속리산을 잇는 백두대간 지역인 문경새재까지

국내 산양 분포현황(환경부, 2019년)

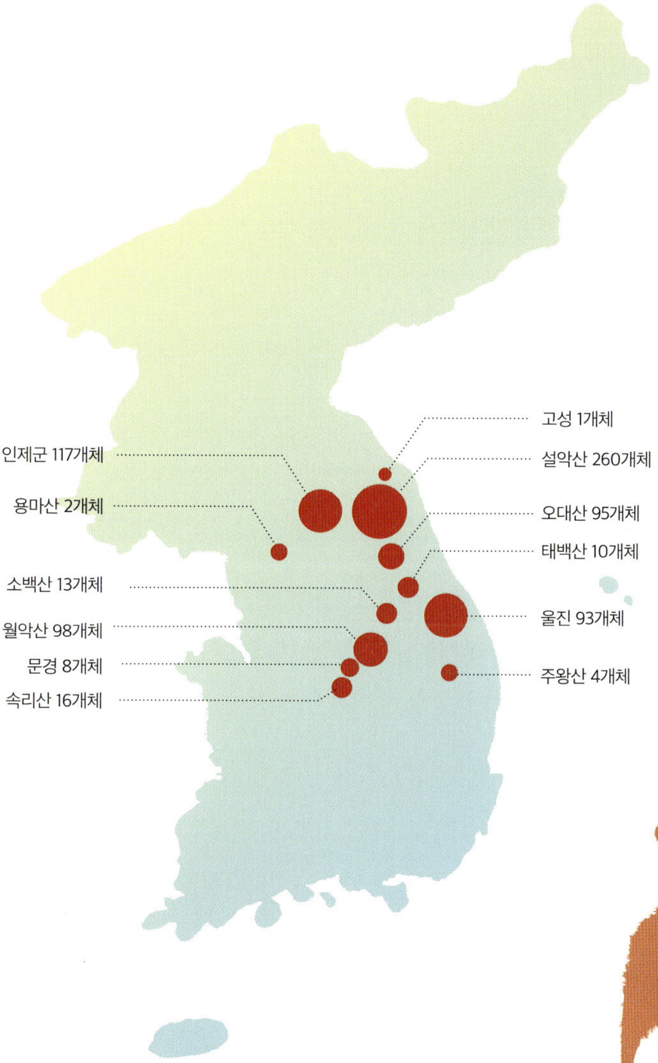

고성 1개체

설악산 260개체

인제군 117개체

용마산 2개체

오대산 95개체

태백산 10개체

소백산 13개체

월악산 98개체

울진 93개체

문경 8개체

속리산 16개체

주왕산 4개체

산양 복원을 위한 월악산 방사

이동했습니다. 이곳에서 암컷이 새끼를 데리고 다닌 흔적이 발견됨에 따라 산양이 백두대간 생태축을 따라 이동한 것이 확인되었습니다.

어떻게 안정된 개체군을 확보하고 유지해 주느냐가 산양 복원사업의 핵심일 수 있습니다. 이입과 증식 방사는 각각의 개체가 아니라 개체군 단위로 이루어져야 하는 것입니다.

한국 산양 보전 문제는 '백두대간 산양 종種 보전'이라는 원대한 계획으로 접근할 필요가 있습니다. 백두대간의 생태축을 따라 산양의 보전으로 건강한 자연 생태계를 만들어 가는 것입니다.

05

물속 생태계의 질서를 유지하는
수달
····

세계자연보전연맹 적색목록 | **준위협(NT)**
천연기념물 | **제330호**

민물에 서식하는 수달

흔히 '수달'이라고 하면 그간 만화영화 「보노보노」에서 보았던 해달과 비슷한 동물이라고 생각합니다. 하지만 우리나라에는 해달은 없고 수달만 살고 있습니다. 우리가 국내에서 보고 만나는 동물은 수달이지요. 수달과 해달은 모두 족제비과에 속하는 포유류이며, 물속에서 생활한다는 공통점이 있습니다.

이름에서 알 수 있듯이 수달은 주로 강과 같은 민물에 서식하고, 해달은 태평양 지역 해안 부근 암초대와 같은 바다 환경에서 주로 살아

물속에서 헤엄치는 수달

갑니다. 수달은 엎드려서 헤엄을 치며 이빨로 물고기를 잡고 씹어 먹습니다. 이에 반해 해달은 누워서 헤엄을 치며 조개류를 돌로 깨서 먹는 습성이 있습니다. 쉽게 말해, 우리가 '수달' 하면 떠올리는 만화영화의 하늘색 주인공은 수달이 아닌 해달입니다.

수달은 머리가 평평하고 둥글며 목이 짧습니다. 코가 둥글고 귓바퀴가 매우 작으며 생김새가 아주 귀엽습니다. 하지만 생김새와는 달리 물을 터전으로 살아가는 물고기나 개구리 등 다른 동물들에게는 아주 무서운 천적입니다.

© 국립생태원

생김새가 귀여운 수달

수달은 반수생半水生 생활을 합니다. 해안, 호수, 연못, 지류, 작은 강, 수로 등 땅과 물이 있는 대부분의 습지대를 이용합니다. 그중 생활공간으로 땅과 물의 경계에 있는 수변水邊, 바다, 강, 못 따위처럼 물이 있는 곳의 가장자리을 가장 좋아합니다. 부드러운 흙이 덮여 있는 나무뿌리나 바위틈 등 구멍이 있으면 긁어내어 쉴 수 있는 휴식처를 만들 수도 있습니다.

하지만 보통의 족제비과 동물과는 달리 스스로 땅을 파서 보금자리를 만드는 습성이 거의 없습니다. 주로 물가의 바위틈, 갈대류 초지대, 큰 나무뿌리 구멍 등 자연물을 이용합니다. 수달의 주요 서식지인 하

© 이토다

하천변 인공구조물 안 수달 똥

천 주변에는 인공적으로 만든 다양한 구조물들이 있습니다. 이처럼 각종 구조물의 틈이나 구멍은 수달이 휴식하거나 잠을 잘 수 있는 보금자리로 활용되기도 합니다. 보금자리에 관한 기존 연구를 살펴보면, 초본류 갈대 지역을 60퍼센트 정도로 좋아하고 나머지 40퍼센트는 굴 환경을 활용하는 것이 확인되었습니다. 수달은 대피하기 쉬운 구조이거나 입구가 여러 개 있는 보금자리를 선택합니다. 이러한 구조는 비상시 탈출하기가 쉽습니다. 개체마다 수리·수문학 및 생태적인 특성, 먹이의 양과 활용 가능성에 따라 다양한 서식 환경을 보입니다.

수달은 어떻게 살아갈까?

우리나라는 온대 기후로 사계절이 뚜렷하고, 여름철 장마 시기에는 짧지만 집중적으로 비가 쏟아집니다. 많은 강수량으로 하천의 수위가 급격하게 높아지고 유속도 빨라집니다.

수달의 보금자리는 대부분 하천 주변에 자리 잡고 있기 때문에 종종 물에 잠기기도 합니다. 이때 어미는 새끼를 데리고 보금자리를 빠져나옵니다. 급류에 가끔 어린 수달이 휩쓸려 길을 잃고 헤매기도 합니다. 야생에서 구조된 어린 수달은 '반수생동물'이라 물속에 두어야 한다고 생각하는 경우가 많습니다. 하지만 수달은 오랫동안 물속에 들어가지 않아도 크게 문제되지 않습니다. 오히려 몇 시간 동안 물속에 방치하면 털의 방수 기능이 약해져 체온이 떨어지는 등 위급한 상황에 놓일 수 있습니다.

수달 털은 이중모二重毛로 되어 있습니다. 속 털과 겉 털의 기능이 달라 오랜 시간 헤엄치고 잠수할 수 있습니다. 속 털은 빼곡하게 나 있어 밀도가 높아 물속에서 공기층을 형성하여 체온 손실을 막아 주고 몸이 건조한 상태를 유지할 수 있게 도와줍니다. 길고 굵은 겉 털은 방수 기능을 합니다. 털이 젖어 있으면 체온이 떨어지기 때문에 항상 건조한 상태를 유지하려 합니다. 물에서 나온 수달은 규칙적으로 몸을 흔들어 물기를 털어냅니다. 풀이나 해초 위에 몸을 비비거나 구르고 이빨과 혀 그리고 앞발로 털을 손질합니다.

어린 수달은 스스로 물기를 잘 털어내지 못합니다. 몸이 젖어 있으면 마른 수건으로 물기를 잘 닦아 주어야 합니다. 바닥에는 마른 수건이나 천 등을 충분히 깔아 보금자리를 건조하게 유지해 주어야 합니다.

수달의 형태와 생태 특징

최근 분류 체계를 따르면 수달은 전 세계적으로 5속 13종으로, 그중 바다에 서식하는 '해달영명: Sea Otter, 학명: *Enhydra lutris*'도 포함되어 있습니다. 우리나라에 서식하는 수달은 유라시아수달영명:

Eurasain Otter, 학명: *Lutra lutra*'의 한 종입니다. 전 세계 수달 중 유럽에서 아시아, 북아메리카까지 광범위하게 분포하고 있습니다.

앞서 소개한 것처럼 수달은 육지와 물속을 자유롭게 오가는 반수생동물로, 물속 생활을 하기에 알맞은 특징이 있습니다. 유선형 몸은 물에 대한 저항을 줄여 주며, 발가락 사이의 물갈퀴는 뛰어난 수영선수로 만드는 일등 공신입니다.

특히 몸통 길이의 3분의 2에 이르는 기다란 꼬리는 물속에서 자유자재로 방향을 바꿀 수 있게 배의 노와 같은 역할을 합니다. 또한 뼈는 부력을 줄이기 위해 밀도가 높습니다.

수달 발자국(발가락 사이 물갈퀴 흔적이 보임)

물에서 자유자재로 방향을 바꾸는 수달

특수 근육이 발달하여 귀와 콧구멍을 닫을 수 있어 최대 5분까지 잠수를 할 수 있습니다. 눈은 작고 머리 위쪽에 있어 물속에서도 물체를 볼 수 있고, 주둥이에 난 수염은 먹이를 사냥하는 데 안테나 역할을 합니다.

물이 어는 겨울철에도 수달은 물속에서 먹이를 잡아먹으며 살 수 있습니다. 얼음 층과 수면 사이의 공기층에서 호흡을 하며 헤엄칠 수 있기 때문입니다. 어떻게 꽁꽁 언 얼음 덩어리 속으로 들어갈 수 있을까요? 수달은 물 흐름이 빠른 곳에 얼지 않는 구멍을 찾아내 물속으로 들어갑니다. 이처럼 수달은 생존 능력이 뛰어난 동물입니다.

수달은 물속 생활에 뛰어나 위협을 느끼면 물속으로 도망치는 행동을 보입니다. 경계심이 강하기 때문에 물 밖으로 나오기 전에는 머리만 내밀고 시각, 후각을 이용하여 주변을 살핍니다. 주로 밤에 활동하는 야행성 동물이라 낮에는 대부분의 시간을 보금자리에서 휴식을 취합니다. 우리가 야생에서 수달을 쉽게 볼 수 없는 이유입니다.

　수달은 일반적으로 단독생활을 하지만 번식기에는 다른 성체와 2~3일 함께 어울리기도 합니다. 짝짓기는 보통 물속에서 합니다. 번식기 이후에는 다시 단독생활 형태로 돌아갑니다. 이러한 까닭으로 어미와 새끼의 구성단위가 수달 사회에서 가장 큰 비중을 차지합니다. 새끼는 태어난 후 약 2~3개월가량 어미젖을 먹고 자랍니다.

©강승구

겨울철 얼지 않은 곳을 찾아 물속으로 들어가는 수달

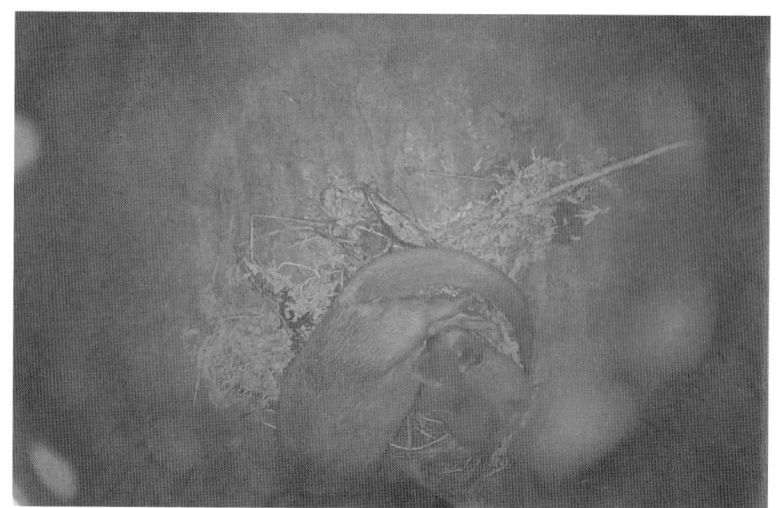

새끼 두 마리에게 젖을 물리고 있는 어미 수달

그후 5~6개월은 집중적인 사냥 훈련 시기입니다. 8~10개월에 이르면 거의 성체와 모습이 비슷하게 되고, 약 1년이 지나면 어미에게 독립하여 단독생활을 하게 됩니다. 물론 독립 시기는 안전한 보금자리의 존재 유무, 서식지의 환경 조건 등에 따라 변동이 크다고 알려졌습니다.

수달의 생활 영역과 행동 권역은 수컷은 15킬로미터, 암컷은 7킬로미터 정도로 매우 길게 이어집니다. 서식 공간이 하천을 따라 이루어진 환경이므로 면이 아닌 선형이라 다른 개체와 겹치는 부분이 많습니다. 다시 말해, 면적 단위로 이용하는 다른 동물보다 더 자주 충돌할 수 있습니다. 이러한 까닭에 이용 가능한 자원을 차지하려고 서

태어난 지 한 달 된 어린 수달들(위),수달이 돌 위에 배설한 똥(아래) ⓒ 이배근

로 경쟁하고 경계합니다. 자신만의 영역을 확보하기 위해 하천이나 강 주변의 돌과 모래 위에 똥을 배설합니다. 배설물을 이용하여 자신의 영역을 표시하는 행동입니다. 배설물은 개체별로 고유한 냄새를 풍깁니다. 이를 통해 영역을 주장하거나 번식기에 이성을 탐색하는 수단으로 활용하기도 합니다.

수달은 수생태계 '질서 유지자'

수달은 수생태계의 먹이사슬에서 최고 정점을 차지하고 있는 종입니다. 수생태계의 질서와 먹이사슬을 균형 있게 조절해 주는 핵심종이므로 자연 하천의 생물 다양성을 건강하게 유지하는 조절자 역할을 합니다.

일반적으로 성체 수달 한 마리가 섭취하는 먹이의 양은 체중의 약 15퍼센트 정도입니다. 새끼에게 젖을 먹이는 암컷의 경우에는 체중의 약 28퍼센트까지도 섭취할 수 있습니다.

수달은 육식성 먹이를 주로 섭취합니다. 땅을 파서 설치류를 사냥하고 물속으로 잠수하여 물새들을 사냥합니다. 양서류의 산란 시기에는 강을 떠나 습지나 산비탈의 개울 쪽으로 옮겨 먹이 활동을 벌이기도 합니다. 수달은 사냥할 때 가장 쉽게 잡히는 먹이를 우선으로 선택하는 '기회적 포식자'로 알려졌습니다. 물속 사냥에 유리하기 때문에 물고기를 주로 사냥합니다. 크기가 작은 먹이는 물속에 떠 있는 채로 먹습니다. 크고 가시가 있어 다루기 힘든 먹이는 물가로 끌고 나와 앞발로 움켜잡고 먹습니다. 때문에 메기, 가물치, 미꾸라지 등 비늘이 없거나 작은 물고기를 더 좋아합니다.

특히 수달은 어느 정도 자란 약 20센티미터 정도의 물고기를 주로 사냥합니다. 사냥에 필요한 에너지 효율 측면에서 너무 작은 물고기

큰 물고기를 먹고 있는 수달

를 잡는 것보다는 큰 물고기를 잡는 것이 유리하기 때문입니다. 이러한 습성은 국내에 유입된 배스 등 성장이 빠른 외래종을 사냥하는 데 적합합니다. 충분히 자란 물고기를 잡는 습성은 상대적으로 작은 토종 물고기들이 그만큼 안전하게 살 수 있음을 의미합니다.

이처럼 수달은 하천 먹이사슬의 균형을 유지하는 수생태계 질서 조절자입니다. 또한 물이 오염되면 가장 먼저 사라질 동물이기도 합니다. 해당 지역 수생 환경의 건강도를 판단할 수 있는 지표종indicator이라고 할 수 있습니다. 깨끗하지 않은 물에서는 수달이 살 수 없다는 의미입니다. 수달은 수생태계 조절을 통해 건강한 생물 다양성을 유지하는 데 기여하는 종입니다.

수달과 함께 살아가기

육상 포유동물은 일반적으로 면적 단위_{가로×세로}의 서식 공간에서 살아갑니다. 이에 반해 수달은 서식지가 주로 하천이라는 길이 단위의 서식 공간에서 삽니다. 보통의 포유류들과 달리 일차원적인 직선 형태의 서식 공간인, 길이 방향의 선형 서식권에서 살아가는 종이라는 뜻입니다.

수달의 서식권은 길이 단위로 이루어지기 때문에 서식지 단절이나 훼손이 쉽게 일어날 수 있습니다. 수달 서식 분포 조사에서도 이러한 특성으로 인해 분포 범위가 넓게 나타날 수 있고, 실제 개체군 수보다 많이 서식하는 것처럼 보일 수 있습니다. 국내 연구 조사 결과에서도 수달은 전역에 분포하는 것으로 나타나지만 실제 개체수와 서식 밀도는 매우 낮은 특성을 보입니다.

수달과 함께 살아가려면 수달을 위협하는 요인이 무엇인지 먼저 파악해야 합니다. 위협이 되는 요인 중 가장 첫 번째로 꼽을 수 있는 것은 각종 질병과 인간 활동의 증가입니다. 인간 활동은 사냥과 밀렵뿐 아니라 하천의 무분별한 개발로 이어집니다. 이에 따라 서식지가 줄어들고 수생태계가 오염되어 살기 어려운 환경으로 바뀌고 있습니다.

생활하수, 공장 폐수, 농약, 축산 및 관광 단지 등에서 흘러나오는 폐수가 하천으로 흘러들면 중금속 오염 등 심각한 문제를 불러일으킬 수 있습니다. 또한 전국 하천변이 콘크리트로 채워지면서 수달 서식지 훼손에 더할 수 없이 큰 영향을 미치고 있습니다. 물고기를 잡을 때 사용하는 그물이나 어망 등의 도구에 따른 수달 폐사도 심각한 문제입니다. 실제로 대구광역시 금호강을 살리기 위해 방사한 수달 한 개체가 버려진 어망에 걸려 죽는 일이 일어나기도 했습니다.

이동 중에 발생하는 도로 교통사고도 야생동물에게 큰 위협 요인입니다. 수달도 예외는 아닙니다. 하천과 하천 사이를 이동하다가 사고를 당하는 수달이 심심찮게 발견되고 있습니다.

이러한 위협 요인들로 일본에서는 1993년 이후 수달이 사라졌다고 합니다. 지난날 우리나라 수달은 전국에 걸쳐 살았습니다. 하지만 무분별한 하천 개발에 따른 서식지 파괴와 모피를 얻기 위한 무분별한 포획으로 개체수가 급감했습니다.

ⓒ 국립생태원

어망에 걸려 죽은 수달

사라져 가는 수달은 천연기념물 제330호1982년, 문화재청, 멸종위기 야생생물 I급2005년, 환경부으로 지정되어 법적으로 보호받고 있습니다. 이러한 보호 정책은 분포, 행동권, 식이 습성, 서식 환경과 인공증식 등 다양하게 연구할 수 있는 원동력이 되었습니다.

그 결과, 현재 수달은 전국에 걸쳐 고르게 서식이 확인될 정도로 개체수가 늘어난 것으로 확인되었습니다. 하지만 수달은 보통 동물과는 달리 길이 단위로 활동하는 동물입니다. 건강했던 수생태계가 악화되면 일부 지역이 아닌 직선 형태의 서식지가 한 번에 사라질 수도 있어 아직까지 멸종으로부터 안심할 수 없는 동물입니다.

수달의 보전과 확산을 위해 현실적인 노력이 필요합니다. 하천의 수질 관리 등으로 수달이 건강하게 살 수 있는 환경을 만들어 주는 것이 필요합니다. 뿐만 아니라 물고기 포획을 위한 그물이나 통발 걸림 방지와 도로를 건너다 사고를 당하는 로드킬roadkill 방지 등 수달의 안전을 위한 방안을 마련할 필요가 있습니다.

국가의 정책적 뒷받침도 필요합니다. 현재 멸종위기종 복원 방향이 '개체' 중심에서 '서식지' 중심으로 바뀜에 따라 서식지 내 복원에 좀 더 많은 연구가 진행될 것이라 믿습니다. 이러한 연구를 통해 수집된 각종 자료들은 훼손된 하천 생태계 복원, 수달의 서식지 복원, 관련 정책 수립 등에 중요한 자료로 활용될 수 있을 것입니다.

06

부의 상징으로 으뜸이었던
한국표범
...

세계자연보전연맹 적색목록 | **위급(CR)**

위장의 달인, 적응의 귀재, 조용한 사냥꾼 표범

우리나라의 국민들에게 호랑이_Panthera tigris_는 잘 알려진 친숙한 동물이지만 표범_Panthera pardus_은 아프리카에서 살고 있는, 우리와는 조금 먼 낯선 동물입니다. 하지만 이는 사실과는 다릅니다.

먼저 표범은 사하라 사막 이남의 아프리카를 비롯하여 중앙아시아, 서남아시아, 동남아시아 그리고 동아시아에 걸쳐 널리 분포하고 있으며, 세계자연보전연맹IUCN 적색목록에 취약VU 등급으로 분류되어 개체수와 서식지가 줄어들고 있는 추세입니다. 표범은 대한민국, 홍콩, 싱가포르, 쿠웨이트, 시리아, 리비아, 튀니지 등지에서는 이미 사라졌고, 과거 서식지의 25퍼센트에서 살아가고 있습니다. 과거 서식지의 97퍼센트를 잃은 호랑이에 비해 상대적으로 몸집이 작은 표범은 개체가 좀 더 살아남았습니다. 매화무늬로 대표되는 표범 가죽은 예부터 값비싼 상품으로 다루었고, 표범은 약재로도 쓰였기에 매우 탐나는 밀렵 대상이었습니다. 이처럼 끝없는 밀렵과 서식지 파괴로 현재까지 생존을 위협받고 있습니다.

표범은 위장의 달인이자 적응의 귀재, 조용한 사냥꾼으로 유명합니다. 몸에 매화무늬가 있어 표범은 숲에서 감쪽같이 위장할 수 있습

표범(왼쪽), 재규어(가운데), 치타(오른쪽)의 몸통 무늬 ⓒ임정은

니다. 이러한 무늬는 표범마다 달라서 구별하는 데 도움이 됩니다. 참고로 표범, 재규어, 치타는 몸통의 무늬로 구별할 수 있습니다.

재규어는 매화무늬 안에 작은 검은색 점이 있고, 치타는 매화무늬가 아니라 검은색 동그란 무늬가 있습니다. 털색은 사는 지역에 따라 약간씩 다른데 건조 지역에 사는 표범의 털색이 숲에 사는 표범의 털색보다 더 연합니다. 만약 검은 색소가 지나치게 많으면 영화 「정글북」에 등장했던 흑표 또는 블랙팬서가 됩니다. 흑표는 말레이반도나 아프리카 산악지대에서 드물지 않게 발견됩니다.

적응의 귀재답게 사는 환경도 다양합니다. 사막과 눈이 매우 많이 오는 지역을 제외하고 사바나, 정글, 초지, 숲 그리고 4,300미터의 고산 지대에 사는 것으로 밝혀졌습니다. 인도에서는 표범이 작은 도시 주변에 적응하여 살고 있다고 합니다.

단독생활을 하는 조용한 사냥꾼 표범은 사냥할 때 시각과 청각에 의존합니다. 주로 밤에 은밀하게 다가가서 갑자기 목덜미를 무는 방식으로 사냥하는데 서아프리카의 숲에서는 낮에 사냥하는 모습이 목격되었습니다. 표범은 10~40킬로그램의 우제류를 먹이로 선호하지만 먹이는 다양합니다. 지금까지 기록된 먹이의 종류는 100종이 넘는다고 합니다.

표범의 분류

표범의 분류는 아직 진행 중으로 세계자연보전연맹의 고양이과 전문 그룹IUCN Cat Specialist Group은 2017년 유전자 분석 결과를 바탕으로 8개의 아종으로 분류했습니다. 아종은 아프리카표범*P. p. pardus*, 인도표범*P. p. fusca*, 자바표범*P. p. melas*, 아라비아표범*P. p. nimr*, 페르시아표범*P. p. tulliana*, 아무르표범*P. p. orientalis*, 인도차이나표범*P. p. delacouri*, 스리랑카표범*P. p. kotiya*입니다.

이 가운데 아무르표범은 한반도에서 우리와 매우 오랜 시간을 함께 살아왔습니다. 아무르표범은 한국표범, 조선표범, 극동표범 등 여러 이름으로 불리기도 합니다. 우리나라에서는 호랑이와 함께 범으로 불렸습니다. 까치와 범을 그린 「호작도虎鵲圖」 민화를 보면 줄무늬인 호랑이가 등장하는가 하면 매화무늬의 표범이 등장하기도 합니다.

아무르표범의 형태와 생태 특징

우리와 역사를 함께한 아무르표범에 대해 좀 더 자세히 알아보겠습니다. 추운 겨울을 나기 위해 아무르표범의 털은 더 굵고 깁니다. 또 눈에서 몸을 숨기기 위해 다른 표범보다 색이 옅고 매화무늬는 듬성듬성 있습니다. 보통 수컷의 무게는 32~48킬로그램, 암컷은 25~43킬로그램 정도이지만 큰 수컷의 경우 75킬로그램까지 나가기도 합니다. 암컷은 3~4년이 되면 넉 달의 임신기간을 거쳐 새끼를 낳습니다. 한배에 1~4마리의 새끼를 낳는데 두 마리 정도가 평균이라고 합니다. 새끼는 어미와 최장 2년 정도를 함께한 뒤 독립합니다.

표범은 보통 야생에서 10~15년을 살지만 동물원과 같은 사육 환경에서는 20년까지 살기도 합니다. 다른 표범과 마찬가지로 아무르표범은 대륙사슴, 노루, 오소리, 토끼에 이르기까지 다양한 종류의 먹이를 사냥합니다. 여느 지역의 표범과 달리 러시아에 서식하는 아무르표범은 고유 영역을 지키지 않고 영역을 공유하는 것으로 밝혀졌습니다.

과거 아무르표범의 주 서식지는 한반도였습니다. 호랑이 수가 줄어

영역을 공유하는 아무르표범

든 19~20세기 초까지도 한반도 전역에 걸쳐 서식했고, 한 해 100여 마리가 포획될 정도로 그 수가 많았습니다. 한반도는 표범의 땅이었다고 해도 과언이 아닙니다.

무차별적 포획에 희생된 아무르표범

이렇듯 한반도 전역을 비롯해 만주와 연해주 일대를 누비던 아무르표범 역시 호랑이와 마찬가지로 무차별적인 포획을 피해 가지 못했습니다. "호랑이는 죽어서 가죽을 남긴다"는 말을 많이 들었을 것입니다. 하지만 중국 송나라 사서인 『오대사五代史』「왕언장전王彦章傳」에 나오는 이 옛말은 호랑이 가죽이 아니라 표범 가죽이라는 사실을 아시나요?

표범 가죽의 값어치는 호랑이 가죽을 웃돌았습니다. 16세기 조선시대 명종 때 기록을 보면 호랑이 가죽 한 필의 값은 쌀 60가마니였다고 합니다. 이는 당시 관료들의 3년치 봉급에 해당하는데 표범 가죽은 이보다 더 비쌌다고 합니다. 조선시대 초상화를 보면 유독 표범 가죽을 깔고 앉은 그림이 많은데 표범 가죽이 바로 '부의 상징'이었기 때문으로 보입니다.

높은 값어치와 호환虎患, 호랑이에게 당하는 불행한 사고에 대한 대책으로 조선시대 초기부터 호랑이와 표범에 대한 본격적인 사냥이 시작되어 일제 강점기에 정점을 이룹니다. 일제 강점기 30년 동안 표범 1,092마리가 포획된 것으로 나옵니다. 이후 그나마 남아 있는 서식지마저 한국전쟁으로 파괴되고 말았습니다. 1962년 경상남도 합천군 오도산에서 표범이 생포되었는데 한표韓彪라는 이름으로 창경궁에서 사육되다가 비만으로 인한 합병증으로 1973년 세상을 떠났습니다.

한국표범의 마지막 공식 기록은 1970년 경상남도 함안입니다. 18년쯤 되는 수표범이 사살되었는데 몸길이는 160센티미터 정도, 무게가 51.5킬로그램이었다고 합니다. 최근까지도 표범 또는 흔적을 보았다는 제보가 간혹 있지만 공식적으로 확인된 사례는 없습니다.

이에 비해 극동 러시아 지역은 늦은 개발로 아무르표범이 그나마 생존을 이어갈 수 있었습니다. 하지만 역시 밀렵으로 1972년에 개체수가 28마리로 급감했습니다. 중국 동북부의 상황은 더욱 좋지 않아 극소수만 살아남게 되면서 세계에서 가장 희귀한 대형 고양이과 동물이 되었고, 세계자연보전연맹 적색목록에 절멸 위급CR: Critically Endangered 등급으로 분류되어 있습니다.

한반도와 만주, 연해주를 아우르던 표범의 분포 역시 북한, 중국, 러시아 접경 지역으로 급격하게 줄어들었습니다. 이에 러시아 정부는 1995년 호랑이 및 희귀동식물 보호법을 제정하고, 1998년 아무르표범 보호 전략을 인준하여 체계적으로 표범 보호에 나섰습니다. 특히 2012년 4월 표범 연구와 보전을 위한 '표범의 땅 국립공원'을 설립했습니다. 당시 '표범의 땅 국립공원'은 우리나라에서 가장 면적이 넓은 지리산 국립공원의 다섯 배가 넘는 2,620제곱킬로미터였습니다. 2019년에는 3,600제곱킬로미터로 확장했는데 그 면적은 점점 더 늘어나고

가장 희귀한 대형 고양이과 동물이 된 아무르표범

표범의 땅 국립공원 전경

있습니다. 또한 현재 '표범의 땅 국립공원'에는 400여 대가 넘는 무인 센서 카메라가 설치되어 표범과 야생동물을 관찰하고 있습니다.

강력한 밀렵 방지 활동과 서식지 보전, 그리고 활발한 연구 활동을 진행한 결과 아무르표범의 개체수는 2020년 기준 97마리로 반세기 전보다 세 배가 늘었습니다. 최근 중국 쪽의 개체수도 늘고 있는 추세이고 북한에도 소수가 남아 러시아 국경을 넘나드는 것으로 보입니다.

한편, 호랑이의 무게가 표범의 무게보다 네 배가량 더 나가다 보니 표범은 호랑이의 경쟁상대가 될 수 없습니다. 호랑이가 사는 지역에서는 표범은 잘 살지 못하는 것으로 알려졌습니다. 예외로 러시아에서는 호랑이 개체수 증가가 표범의 개체수에 영향을 미치지 않는 것으로 밝혀졌습니다. 표범의 땅 국립공원에서 호랑이가 1~2마리에서 30마리 이상으로 늘어나는 동안 표범의 개체수 역시 늘어났습니다. 물론 매우 드물기는 하지만 호랑이가 표범을 물어 죽이는 일도 벌어집니다. 같은 지역에 살고 있다고 하지만 지역 내에서 아무르호랑이와 아무르표범이 활동하는 공간은 좀 차이가 있습니다. 표범의 경우는 호랑이를 피해서 산등성이 꼭대기나 급경사지에서 살아가고 있습니다.

아무르표범의 멸종을 막는 노력

그렇다면 아무르표범의 미래는 과연 밝을까요? 안타깝게도 아무르표범의 생존을 위협하는 요인은 더 늘어났습니다. 줄어들었다고는 하지만 여전히 표범과 먹이동물에 대한 밀렵은 뿌리 뽑히지 않았고 매년 발생하는 산불로 표범 서식지가 훼손되고 있습니다. 개체수가 늘어나고 있다지만, 너무 적은 수에서 다시 시작하다 보니 근친교배의 위협이 있습니다. 요즘 발이 흰색인 개체가 늘어나고 꼬리가 짧은 기형이 발견되고 있다고 합니다.

개발 압력도 무시할 수 없습니다. '표범의 땅 국립공원'은 극동 러시아의 최대 도시인 블라디보스토크와 중국과 북한 접경 사이에 자리 잡고 있습니다. 당연히 철도, 가스, 기름, 항만 등의 기반시설이 들어서는 곳입니다. 도로 등의 기반시설이 늘어나면 로드킬이 일어나는 것은 당연합니다. 마지막으로 질병 문제가 있습니다. 개 홍역과 같은 질병은 고립된 아무르표범 개체군에 치명적입니다.

이러한 여러 위협 속에서 아무르표범을 보전하기 위해 러시아 정부를 비롯하여 여러 국제단체들이 힘을 모으고 있습니다. 원 서식지인 '표범의 땅 국립공원'에서 보호활동을 펼치고 있고, 시호테알린 산맥 남쪽에 새로운 개체군을 마련하려 하고 있습니다. '아무르표범 재도입 계획'은 1999년 처음 마련되었습니다. 이는 대형 고양이과 동물에서 사육 개체를 재도입에 사용하는 것을 국제적으로 인정한 유일한 사례입니다. 긴 논의를 거쳐 2015년 러시아 정부가 아무르표범 재도입 프로그램을 승인했습니다. 다만 지난날 러시아에서 진행했던 페르시아표범의 재도입이 실패로 돌아가면서 아무르표범 재도입에 대해 매우 신중하게 접근하고 있습니다.

환경부 멸종위기 I급이지만 우리 땅에서 일제 수난의 역사를 함께하다 사라진 아무르표범의 멸종을 막기 위해 국립생태원 멸종위기종 복원센터가 국제적 보전 노력에 합류했습니다. '표범의 땅 국립공원'과 표범 공동 연구를 진행하는 것으로 보전 노력의 첫발을 내딛었습니다. 이런 노력들이 모여 한국표범이 멸종위기에서 벗어나 한반도에 돌아오는 날을 기원해 봅니다.

© 임정은

© 임정은

07

우리 국민이 가장 좋아하는

아무르호랑이

....

세계자연보전연맹 적색목록 | **위기(EN)**

우리에게 각별한 존재, 호랑이

호랑이*Panthera tigris*는 아시아에서만 살지만 전 세계적으로 사랑받는 동물입니다. 호랑이는 사는 지역과 유전적 특성에 따라 아무르호랑이*P. t. altaica*, 인도차이나호랑이*P. t. corbetti*, 말레이호랑이*P. t. jacksoni*, 수마트라호랑이*P. t. sumatrae*, 벵골호랑이*P. t. tigris*, 남중국호랑이*P. t. amoyensis*로 구분합니다.

호랑이 종

① 아무르호랑이
② 인도차이나호랑이
③ 말레이호랑이
④ 수마트라호랑이
⑤ 벵골호랑이
⑥ 벵골호랑이의 돌연변이 백호
⑦ 남중국호랑이

이 가운데 남중국호랑이는 더 이상 야생에서 볼 수 없고, 발리호랑이, 자바호랑이, 카스피호랑이는 우리 곁에서 사라졌습니다. 20세기 초만 해도 아시아 전반에 걸쳐 10만 마리가 넘었던 호랑이 개체수는 이후 급감하여 오늘날에 이르러 불과 3,500여 마리만 살아남아 힘겨운 생존 싸움을 이어가고 있습니다. 그러다 보니 호랑이는 세계자연보전연맹IUCN의 적색목록에 절멸 위기EN: Endangered 등급으로 분류되었고, 멸종위기에 처한 야생동식물의 국제 거래에 관한 협약CITES 부속서 I에도 포함되어 국제적으로 보호받고 있습니다.

호랑이 분포 지역

테라이 호(Terai Arc) 구역

인도 대륙

인도차이나

동남아시아

극동 러시아

🟢 호랑이의 현재 분포 지역

⬜ 호랑이의 과거 분포 지역

한편, 우리에게도 호랑이는 매우 각별한 존재입니다. 고조선 건국 신화인 「단군신화」에 등장하는 호랑이는 예부터 산군, 산신령, 산중왕으로 불리면서 때로는 무서운 맹수로, 때로는 신성한 존재로 우리의 삶에 가까이 자리 잡았습니다.

어릴 적 '옛날, 옛날 한 옛날, 호랑이 담배 피던 시절'로 시작하는 전래동화를 많이 들었을 것입니다. 이처럼 호랑이는 「해님 달님」, 「은혜 갚은 호랑이」, 「호랑이와 곶감」과 같은 전래동화를 비롯해 민화, 지명, 로고, 마스코트의 단골 소재입니다. 뿐만 아니라 한반도를 대륙을 향해 포효하는 호랑이로 표현하기도 합니다. 이러다 보니 2017년 국립생물자원관에서 실시한 설문조사에 우리 국민이 가장 좋아하는 우리 생물 1위로 뽑히기도 했습니다.

호랑이의 형태와 생태 특징

우리와 역사를 같이했던 호랑이에 대해 좀 더 자세히 알아보겠습니다. 먼저 호랑이의 순우리말은 '범'입니다. 우리가 한국호랑이라고 부르는 호랑이는 지역에 따라 백두산호랑이, 우수리호랑이, 아무르호랑이, 동북호랑이, 만주호랑이, 시베리아호랑이 등 이름이 다양하지만 주 서식지가 러시아-중국 국경의 아무르강 유역이다 보니 아무르호랑이로 가장 많이 불리고 있습니다.

1904년 한반도의 호랑이 _P. t. coreensis_ 는 러시아 호랑이와는 형태적 차이로 다른 아종으로 분류되었으나 1965년 이후 동일 아종으로 재분류되었고 2012년 유전자 분석 결과 둘은 같은 아종으로 최종 확인되었습니다.

아무르호랑이의 평균 무게를 살펴보면 수컷은 160~190킬로그램, 암컷은 110~130킬로그램 정도입니다. 하지만 300킬로그램이 넘는 수컷의 기록도 있습니다. 수컷, 암컷 그리고 새끼는 발볼록살 paw pad 의 발자국 크기로 구별합니다. 수컷의 발자국은 10.5~14.5센티미터에 이르며, 암컷은 8.5~9.5센티미터, 새끼는 5.5~10센티미터입니다. 1년생 이상 수컷 새끼의 발자국은 보통 어미의 발자국보다 큽니다.

ⓒ임정은

지역에 따라 이름이 다른 아무르호랑이

아무르호랑이의 털은 다른 아종에 비해 옅은 황색이며 겨울에는 더욱 옅어집니다. 또한 겨울 추위를 견디기 위해 털이 더 길어지고 굵어집니다. 호랑이의 무늬는 사람의 지문처럼 개체마다 달라서 호랑이를 구별하는 데 이용합니다. 호랑이는 4년 정도가 되면 성적으로 성숙하는데 기간은 성별에 따라 차이를 보입니다. 임신기간은 3~3.5달 정도이고 한 번에 한배에서 새끼를 많게는 여섯 마리를 낳는데 평균 2~4마리를 낳습니다. 이 가운데 반은 1년이 되기 전에 죽는다고 합니다.

호랑이는 야생에서 10~15년 정도를 사는데 안타깝게도 그전에 밀렵으로 수명을 다하는 경우가 종종 있습니다. 러시아의 전설이라는 아무르호랑이 올가도 밀렵을 피하지 못했습니다. 암컷 아무르호랑이 올가는 생후 1년 무렵인 1992년 세계 최초로 위치 추적기를 단 호랑이로 유명합니다. 올가는 러시아 시호테알린의 작은 마을인 터네 Terney 근처에서 살았습니다. 올가 덕분에 전체 1,000여 가구에 지나지 않은 작은 마을인 터네는 러시아뿐만 아니라 전 세계의 주목을 받게 되었고, 러시아 지도에도 당당히 자리 잡게 되었습니다.

올가는 추적기의 신호가 끊어진 2005년까지 13년 동안 500제곱킬로미터의 영역에서 13마리 이상의 새끼를 낳아 길렀고, 그중 여섯 마리가 살아남았습니다. 이렇듯 오랜 기간 동안 올가를 관찰하면서 사람들에게 호랑이의 생활이 좀 더 자세히 알려지게 되었습니다. 올가는 마을 근처에서 살았지만 사람들과 거리를 두었고 단 한 차례도 사람에게 피해를 입히지 않았습니다. 그러나 끝내 밀렵을 피하지 못했습니다. 러시아에서 호랑이 죽음의 80퍼센트는 사람에 의한 것이라고 합니다.

아무르호랑이는 주로 멧돼지, 꽃사슴, 말사슴과 같은 대형 우제류를 사냥합니다. 일반적으로 성체 호랑이는 일 년에 큰 사슴 70마리 정도를 먹는데, 새끼가 있으면 1.5배 정도의 먹이가 필요합니다. 때로는 여름에 오소리나 너구리와 같은 소형 동물을 사냥하기도 합니다. 드물기는 하지만 러시아에서는 호랑이가 불곰과 반달가슴곰을 사냥하기도 합니다. 덩치가 큰 불곰의 경우 호랑이는 주로 아성체새끼와 성체의 중간 정도를 사냥하지만 성체 불곰을 사냥한 사례도 있습니다.

아무르호랑이는 영역을 넓게 차지하는 것으로 유명합니다. 러시아에서 암컷은 250~450제곱킬로미터, 수컷은 이보다 넓은 800제곱킬로미터 정도의 영역을 유지하는데 어떤 수컷은 지리산의 네 배 면적인 2,000제곱킬로미터를 차지하기도 합니다. 또한 수컷 한 마리가 여러 마리 암컷의 영역을 포함하여 차지하기도 합니다. 만약 다른 호랑이가 영역을 침범하면 맞서 싸워 자신의 영역을 지킵니다. 어린 호랑이들은 자신의 영역을 찾아 200킬로미터 넘게 이동합니다. 물론 호랑이 영역의 크기는 숲과 먹이 등 서식 환경에 따라 다릅니다. 러시아와 달리 먹이의 밀도가 높은 방글라데시에서 암컷 호랑이의 영역은 14.2제곱킬로미터에 지나지 않습니다.

한때 아무르호랑이는 한반도를 비롯해, 만주, 중국 동부, 시베리아뿐만 아니라 몽골까지 넓게 분포했으나 지금은 극동 러시아와 중국, 북한, 러시아 접경지역 일대로 급격하게 줄어들었습니다. 그렇다면 광대한 영역을 호령하던 아무르호랑이는 왜 멸종위기에 처했을까요? 호랑이가 멸종위기에 처하게 된 것은 호랑이와 먹이 동물에 대한 밀렵과 농경지 확대, 산업화, 도로 건설 등에 따른 서식지 파괴, 그리고 사람과의 갈등 때문입니다. 무분별하게 호랑이를 잡고, 먹이가 줄어들고, 살 곳이 사라지다 보니 당연히 버티기 힘들지요. 이는 우리나라 역사를 살펴보면 여실히 드러납니다.

호랑이는 어떻게 사라졌을까?

「단군신화」에서도 짐작할 수 있듯이 한반도에서 호랑이와 인간은 매우 오랜 시간을 함께 살아왔습니다. 우리나라에서 호랑이에 관한 가장 오래된 기록은 울산광역시 울주군의 반구대 암각화입니다. 신석기에서 청동기로 이어지는 시대에 그린 것으로 14마리에 이르는 범 그림이 있습니다. 선사시대에는 주로 호랑이가 인간을 사냥했을 것으로 보이나 그물에 걸린 호랑이가 암각화에 묘사된 것으로 보아 이 시기에 인간이 호랑이를 사냥했다는 의견도 있습니다.

역사시대에 들어서면서 인간에게 호랑이는 신성한 동물이면서 수

렵의 대상이기도 한 균형 상태를 유지했습니다. 삼국시대와 고려시대에 호랑이가 성안으로 들어와 사람을 해쳤다거나, 성으로 들어온 호랑이를 죽였다는 기록이 있습니다. 하지만 불교가 국교였던 삼국시대와 고려시대에는 인명에게 피해를 주는 악한 짐승을 제거하는 것은 용납했지만 이런 짐승을 미연에 방지하는 포획이나 살상을 장려하지는 않았습니다. 그러다 보니 사람이 사는 곳에는 호랑이가 물러나고 사람이 떠나면 그곳에 자연스럽게 호랑이가 와서 살았다고 합니다.

하지만 조선시대에 이르면 사람과 호랑이와의 관계는 적대적으로 변하게 됩니다. 조선은 농업 중시 정책을 펼치고 점점 인구가 증가함에 따라 대대적인 농지 개간을 추진하게 됩니다. 농경지를 개간하면서 호랑이와 사람의 접촉이 잦아지자 호랑이 피해도 늘어나게 되었습니다.

1402년 태종 2년에는 겨울에서 봄까지 호랑이에게 해를 당해 죽은 사람이 수백 명에 이르렀다고 합니다. 숲을 사이에 두고 공존하던 호랑이와 사람과의 관계가 토지 개간으로 어그러진 것입니다. 결국 조선 왕조 건국 직후 계속된 호랑이의 피해로 호환은 시급히 해결해야 할 사회 문제가 되었습니다. 이에 조선 왕조는 백성들의 생활 안정을 위해 포호정책을 시행하게 됩니다.

착호 활동범을 잡는 활동이 활발했던 15세기까지 호환은 줄어들었지만 착호 활동이 줄어들자 호환은 다시 늘어났습니다. 특히 호환은 임진왜란 전후로 극심했는데 전란이 끝난 1600년 호남과 영남의 경계에서 수백 명이 호랑이 피해를 입었다고 합니다. 1734년 한 해 동안 호랑이에 물려죽은 사람이 140여 명이나 되었다고 합니다. 호환은 인명 피해에만 그치지 않고 염소, 양, 돼지 등 가축의 피해로 이어졌습니다. 조선 후기까지 착호 활동이 계속되었으나 호환에 대한 공포는 19세기 말까지 계속되었습니다.

그렇게 많던 호랑이는 일제 강점기 때 명줄이 끊어지게 되었습니다. 일제는 해수 구제 정책, 즉 식민지 백성을 해로운 짐승에게서 보호한다는 명목으로 대대적인 맹수 사냥에 나섰습니다. 조선총독부 통계연보에 따르면, 1915~1942년까지 해수 구제 사업으로 사살된 호랑이는 141마리였습니다.

남한에서는 경상북도 지역에서 가장 많이 잡혔습니다. 해수 구제 정책에 따른 남획짐승이나 물고기를 마구 잡음뿐만 아니라 호랑이 표본을 채집하겠다고 미국 원정대가 한반도 전역을 휘저었습니다. 공식적인 해수 구제 기록이 이 정도이니 실제로는 훨씬 더 많은 수의 호랑이가 잡힌 것으로 보입니다. 결국 1924년 강원도 횡성에서 잡힌 암컷 호랑이가 사진으로 남은 남한의 마지막 기록입니다. 한반도 전역에서 포획된 호랑이 수를 감안하면 한반도는 호랑이의 나라였다는 것이 과장은 아닌 것 같습니다.

1924년 2월 1일자 <매일신보>에 "1월 21일 강원도 횡성 산중에서 팔 척짜리 암컷 호랑이가 송산정(松山靜, 일본인으로 추정)이라는 자에 의해 포획되었다"는 기사로, 지금까지 확인된 남한의 마지막 호랑이 모습

    무차별적인 호랑이 포획은 한반도에서만 일어나지 않았습니다. 19세기 중반 러시아에서는 1,000여 마리의 호랑이가 살았던 것으로 추정하는데, 한 해 동안 120~180마리의 호랑이가 사냥되었습니다. 중국에서도 호랑이가 심각한 수준으로 남획되었습니다. 그 결과 1930년대에 이르러 야생에는 겨우 아무르호랑이 30여 마리만이 살아남았습니다. 이에 러시아 정부는 강력한 호랑이 보호정책을 펼쳤습니다. 국경을 폐쇄했고, 총기 관리를 엄격히 했으며, 밀렵에 대한 처벌을 강화했습니다. 그러자 호랑이 개체수는 점차 늘어 오늘날에 이르러 500여 마리의 호랑이가 극동 러시아에 서식하고 있습니다. 중국의 경우 1980년대 호랑이 수가 20마리 정도로 급감했으나 보전 노력으로 최근 들어 개체수는 서서히 증가 추세에 있습니다.

    간혹 우리나라에서도 호랑이를 목격했다는 제보가 있긴 하지만,

현장에서 호랑이 발자국이나 배설물과 같은 확실한 증거가 발견된 적은 없었습니다. 결국 마지막으로 호랑이가 잡힌 것은 100년 전으로, 현재 남한에서는 호랑이가 사라졌다고 볼 수 있을 것입니다.

그렇다면 북한에는 호랑이가 남아 있을까요? 북한 지역의 호랑이 서식에 대한 정보는 매우 부족합니다. 1998년도 러시아와 북한의 공동 조사팀이 백두산에서 호랑이 발자국을 발견했습니다. 최근에는 북한, 중국, 러시아의 접경지대에서 중국과 러시아에 서식하던 호랑이가 북한 방향으로 가고 있는 발자국을 발견하기도 했습니다. 북한 주민들의 호랑이 목격담도 꾸준히 들리고 있습니다. 러시아 학자는 북한에 20여 마리의 호랑이가 살고 있을 것으로 추정했습니다.

우리의 호랑이를 보호하기 위한 노력

아무르호랑이의 개체수가 증가 추세에 있다고는 하지만 아직 안심하기에는 이릅니다. 멸종위기에 직면한 호랑이 보존을 위해 러시아와 중국에서는 법으로 호랑이와 호랑이 먹이의 사냥을 엄격히 금하고 있고, 지역 주민을 교육을 하는 등 다각적으로 노력하고 있습니다. 하지만 몸에 좋다는 이유로 호랑이 뼈로 만든 술인 '호골주'를 찾는 사람들이 여전히 많다고 합니다. 부끄럽지만 한국 사람도 중국과 동남아를 여행할 때 호골주를 찾는 주요 고객이라고 합니다. 호랑이의 가죽, 뼈 등에 대한 수요가 사라지지 않는 한 호랑이의 밀렵은 계속될 것입니다.

호랑이가 늘어나면 사람이나 가축에 대한 피해 위험도 높아지는데 호랑이를 왜 보호해야 할까요? 러시아에서 사람이 먼저 도발하지 않는 한 먼저 호랑이가 인명 피해를 입히는 경우는 거의 없다고 합니다. 기본적으로 호랑이는 사람을 피합니다.

일반적으로 호랑이는 깃대종, 핵심종 그리고 우산종이라고 합니다. 깃대종flagship species은 어느 지역의 대표가 되는 동식물을 의미하고, 핵심종keystone species은 비교적 적은 개체수가 존재하지만 생태계에 큰 영향을 미치는 종을 뜻합니다. 우산종umbrella species은 생태계에서 다른 종의 보전과 보호에 영향을 미치는 종으로 보통 서식지가 넓은 종을 의미합니다. 다시 말해, 호랑이는 사회·문화적으로나 생태적으로 매우 중요한 역할을 합니다. 생태계 먹이사슬의 최상위 포식자로서 농작물 피해를 일으키는 멧돼지와 같은 먹이 동물의 개체수를 조절합니다. 호랑이 서식지를 보호한다면 그 넓은 면적에 같이 살아가는 동식물들의 보호는 자연스럽게 이루어지게 됩니다.

우리 민족과 오랜 시간을 함께했지만 비극적 역사 속에서 안타깝게 사라진 아무르호랑이, 이들을 보전하는 데 좀 더 관심을 기울여야 하지 않을까요?

08

살충제 사용으로 위기를 맞은
저어새
...

세계자연보전연맹 적색목록 | **위기(EN)**
천연기념물 | **제205-1호**

긴 부리를 물속에 넣고 휘휘 젓는 저어새

새 이름을 짓는 방법에는 여러 가지가 있습니다. '뻐꾹뻐꾹' 운다고 해서 뻐꾸기, '소쩍소쩍' 운다고 해서 소쩍새, 이처럼 울음소리를 따서 짓기도 하고, 깃털 색이 여덟8 가지라 해서 팔색조, 몸이 하얘 백로 등 생김새로 이름을 짓기도 합니다.

저어새는 긴 부리를 물속에 넣고 좌우로 휘휘 저어 가며 먹이를 잡아먹는 행동을 본뜬 이름입니다. 독특하게도 우리나라를 제외한 다른 나라는 저어새의 행동이 아닌 생김새로 이름을 지었습니다. 영어 이름은 얼굴이 검고 부리의 끝부분이 숟가락처럼 넓어 '블랙-페이스드 스푼빌Black-faced Spoonbill', 일본어 이름은 검은 얼굴과 부리가 주걱 모양인 백로를 뜻하는 '구로쓰라헤라사기クロツラヘラサギ', 중국어 이름은 얼굴이 검고 부리가 전통악기 비파를 닮은 백로를 뜻하는 '헤리안피루黑臉琵鷺흑검비로'입니다. 학명인 'Platalea minor'에서 'Platalea'는 라틴어로 넓다는 뜻으로 저어새류를 가리키며, 'minor'는 작다는 뜻으로 저어새 종류 가운데 가장 작은 종임을 의미합니다.

전 세계에 저어새 종류는 총 6종이 있으며 그중 저어새, 노랑부리 저어새Platalea leucorodia 2종이 우리나라에 서식합니다. 저어새는 봄

경기도 시흥시 관곡지에서 관찰된 저어새

에 우리나라에 와서 번식하고 늦가을에 월동지로 이동하는 여름철새
이고, 노랑부리저어새는 늦가을부터 이듬해 봄까지 드물게 관찰되는
겨울철새입니다.

　노랑부리저어새가 유럽, 아프리카, 아시아 등 구북구舊北區, 지구상의
여섯 개의 동물 지리 분포구分布區의 하나로, 유럽 전 지역과 히말라야 산맥 이북의 아시아
대륙, 사하라 사막 이북의 아프리카 지역에 넓게 분포하는 반면, 저어새는 동아
시아에만 제한적으로 분포하는 국제적인 멸종위기종이지요. 한국,
중국, 러시아에서 번식하고 대만, 일본, 홍콩, 중국 남부, 베트남, 필리
핀, 제주도 등에서 월동합니다. 세계 최대의 환경보호기구인 세계자
연보전연맹IUCN 적색목록에 절멸 위기EN 등급으로 분류되어 있고,

우리나라에서는 환경부 지정 멸종위기 야생생물 I급, 문화재청 지정 천연기념물 제205-1호, 해양수산부 지정 해양보호생물로 법적 보호를 받고 있습니다.

그 많던 저어새는 어디로 사라졌을까?

문헌 기록을 살펴보면, 1950년대 이전에는 우리 주변에서 저어새를 흔하게 볼 수 있었다고 합니다. 하지만 1988년 전 세계에 겨우 288마리만 생존하고 있는 것으로 조사되어 1994년에 IUCN 적색목록에 심각한 절멸 위급CR에 처한 종으로 분류되었습니다. 그 이후 일본, 홍콩, 대만 등 월동지를 중심으로 종과 서식지를 보호하기 위한 노력으로 그 수가 점점 늘어나면서 2000년에는 절멸 위기EN 등급으로 하향 조정되어 지금까지 이어오고 있습니다.

2019년 1월에 실시한 저어새 국제 동시 조사 결과 4,463마리가 확인되어 30여 년 동안 약 15배가 늘어나 멸종위기종 보전의 모범 사례가 되었습니다. 하지만 아직도 저어새가 안정적으로 살 수 있는 개체군 크기에는 못 미치고 있습니다.

지난 2002년 겨울 저어새 최대 월동지인 대만에서 저어새 90마리가 조류 보툴리즘botulism, 혐기성 세균인 *Clostridium botulinum*의 신경 독소에 마비되어 폐사하는 질병에 걸렸고, 이 가운데 73마리가 폐사하는 사건이 발생했습니다. 당시 저어새에서 채취한 유전자를 바탕으로 진행한 연구 결과 1900년대 초반에 약 10,000마리의 저어새가 살고 있었을 것으로 추정되었습니다. 따라서 과거에 비하면 여전히 절반에 못 미치는 저어새가 살고 있을 뿐입니다.

그렇다면 저어새의 수가 크게 줄어든 이유는 무엇일까요? 갯벌 매립에 따른 서식지 감소, 남획, 인간 활동에 의한 영향, 질병 등 여러 요인들이 있겠지만 그 가운데 유기합성 살충제인 DDT디클로로디페닐트리클로로에틸렌dichlorodiphenyltrichloroethane 사용으로 인한 환경오염이 가장 크게 작용한 것으로 알려졌습니다. DDT는 1940년대부터 광범위하게 사용되었는데, 땅이나 물속에 남아 있는 DDT는 잘 분해가 되지 않고 최종적으로 먹이사슬의 윗단계에 있는 생물의 몸속에 쌓이게 됩니다.

미국의 생물학자 레이첼 카슨Rachel Carson, 1907~1964은 1962년에 출간한 『침묵의 봄Silent Spring』에서 DDT가 지구의 땅, 바다 그리고 생물에게 어떠한 부작용을 미치는지 전 세계에 널리 알리기도 했습니다. 새들의 경우는 알껍데기가 얇아져서 알이 쉽게 깨지고, 알을 품거나 새끼를 기르는 행동에 영향을 받아 제대로 번식을 할 수 없게 됩니다. 저어새도 DDT의 영향으로 그 수가 감소한 것으로 추정됩니다.

우리나라에서는 1986년부터 DDT 사용이 중지되었는데 그 이후 저어새뿐만 아니라 가마우지, 백로류와 같은 물새들의 수가 다시 서서히 늘어나기 시작한 것으로 미루어 볼 때 DDT가 물새의 생존에 영향을 미쳤음을 짐작할 수 있습니다. 만약 DDT를 계속 사용했다면 저어새는 이미 멸종했을 수도 있을 것입니다.

저어새의 형태와 생태 특징

저어새는 부리가 독특하게 주걱 모양이고 깃털이 흰색인 중대형 물새로 몸길이는 76~80센티미터, 몸무게는 1.5~2.0킬로그램입니다. 부리와 다리는 검은색이고, 눈 주변이나 부리 끝이 노란색을 띠는 개체도 있으며, 부리 위쪽 주름은 사람의 지문처럼 개체마다 다릅니다. 번식기가 되면 노란색 가슴 띠와 머리 뒤쪽에 노란색 깃털 다발이 돋아납니다. 어린 새는 부리가 분홍빛을 띤 회색, 날개 끝에는 검은색 띠가 있는데 나이가 들면서 부리는 검은색으로, 날개는 하얀색으로 변합니다.

저어새는 대만, 홍콩, 일본, 중국 남부, 우리나라 제주도 등에서 겨울을 보내고 봄이 되면 한국, 북한, 중국, 러시아에 있는 번식지로 돌아와 알을 낳고 새끼를 키웁니다. 전 세계 4,500여 마리의 저어새 중 90퍼센트 이상이 우리나라 서해안의 무인도에서 번식을 하니 우리나라는 저어새의 고향이라고 할 수 있습니다.

전 세계 저어새 개체군이 늘어나면서 우리나라의 저어새와 그들의

저어새의 알 품기(위쪽), 갓 깨어난 새끼 저어새(가운데),
몸으로 햇볕을 가려 새끼를 돌보는 어미 저어새(아래쪽) ⓒ 권인기

번식지도 늘어났습니다. 2003년 5군데 번식지에서 100쌍이 확인되었고, 2019년에는 18군데 번식지에서 1,400쌍으로 크게 늘어났습니다. 18군데 번식지 중 전라남도 영광군 앞바다 칠산도의 5개 섬을 제외하고 나머지는 모두 인천·경기만 지역의 무인도에서 번식을 합니다.

3월에 번식지에 도착한 저어새는 짝을 이루어 함께 무인도의 가파른 절벽이나 풀, 나무가 있는 땅에 명아주, 사철쑥, 소리쟁이 등의 식물을 사용하여 40~50센티미터 크기로 원형 둥지를 만듭니다. 짝 짓기를 하고 둥지를 만드는 데 약 1주일이 걸립니다. 평균적으로 알 2~3개를 하루 간격으로 낳는데 첫 번째 알을 낳자마자 바로 품기 시작하므로 이후 나머지 알들도 하루 간격으로 부화합니다.

알 품기는 암수가 같이 하는데 짧게는 2~3시간, 길게는 7~8시간입니다. 수컷이 주로 낮에 알을 품고, 암컷은 밤에 알을 품습니다. 알을 품기 시작한 지 약 25일이 지나면 새끼가 부화합니다. 알 품기와 마찬가지로 새끼의 양육도 암수가 함께 합니다. 양육 초기에는 암수 중 한쪽이 둥지를 지키고 다른 한쪽은 먹이를 구하러 나갑니다. 이렇게 20여 일이 지난 뒤 새끼들의 덩치가 커지고 먹는 양이 늘어나면 암수 모두 둥지를 비웁니다.

부모는 잡아온 먹이를 소화시킨 뒤 게워 새끼들에게 먹이는데, 일찍 태어난 새끼가 주로 먹이를 독차지합니다. 환경이 좋지 않으면 막내는 먹이를 제대로 먹지 못해 죽기도 합니다. 먹이를 구하러 떠나는

먹이를 게워 새끼에게 먹이는 저어새

여행 시간은 번식지와 취식지의 거리가 멀수록 오래 걸리며, 번식지에서 짧게는 1킬로미터 이내, 길게는 25킬로미터 이상 떨어진 곳까지 먹이를 구하러 다니는 것으로 알려졌습니다.

새끼는 태어난 후 약 20일이 지나면 둥지에서 벗어나 주변을 돌아다니기 시작합니다. 약 40일 전후로 둥지를 완전히 떠나는데 이를 이소離巢라고 하며, 섬 가장자리 얕은 물가에 모여 사냥과 비행 연습을 합니다. 어느 정도 적응이 끝나면 자신들이 태어난 섬을 떠나 가까운 갯벌이나 강 하구로 이동하지요. 이소한 이후에도 사냥 실력이 서투른 일부 새끼들은 부모를 따라다니면서 먹이를 받아먹기도 합니다. 날씨가 쌀쌀해지는 10월이 되면 월동지로 이동하기 시작하는데 평균 약 1,500킬로미터를 날아가며, 3,000킬로미터 이상 멀리 떨어진

갯벌에서 먹이 활동을 하고 있는 저어새 무리

베트남, 캄보디아까지 가기도 합니다.

국내에서 가장 가까운 거리에서 저어새를 관찰할 수 있는 곳은 인천 남동공단 남동유수지 안에 있는 저어새 섬입니다. 2009년 한 시민 단체에서 저어새가 번식하는 것을 처음으로 확인한 곳으로, 내륙에 있는 유일한 저어새 번식지입니다. 육지에서 200미터가량 떨어진 거리이기에 맨눈으로도 저어새를 관찰할 수 있고, 저어새를 보호하기 위해 시민단체 회원들이 매일 모니터링을 하기 때문에 운이 좋으면 회원들에게 저어새에 관한 설명도 들을 수 있습니다. 그 밖에 인천광역시 강화도 남쪽 갯벌과 경기도 시흥시 관곡지도 저어새를 관찰하기에 좋은 장소입니다.

갯벌의 지표종 저어새를 보호하는 방법

대부분의 저어새는 우리나라에서 번식하므로 저어새가 잘 살아갈 수 있는 환경을 마련해 주는 것이 전 세계 저어새를 보호하는 데 필수적이라 할 수 있습니다. 저어새의 번식지 중 육지에서 2킬로미터 이내에 있는 섬들은 바위로 이루어져 있습니다. 이런 섬들은 갯벌 한가운데 자리 잡고 있어 먹이를 구하기는 쉽지만, 둥지 재료로 쓰일 만한 식물이 거의 없기 때문에 튼튼한 둥지를 만들기가 쉽지 않습니다. 그러므로 엉성하게 만든 둥지에서 알이 쉽게 굴러 떨어지기도 하고, 같이 번식하는 이웃 간에 둥지 재료를 빼앗기 위해 싸우다가 알이 깨져서 번식에 실패하는 일이 많습니다.

© 김인철

돌무더기에서 쉬고 있는 저어새 무리(강화도)

이런 상황을 미리 방지하고자 (사)한국물새네트워크를 중심으로 한 시민단체와 연구자들은 해마다 저어새의 번식기가 되면 바위섬에 둥지 재료를 넣어 주고 있습니다. 번식을 시작하는 시기에는 둥지를 튼튼하게 만들 수 있게 나뭇가지를, 새끼가 태어날 시기에는 부드러운 풀과 잎 등의 둥지 재료를 공급하여 저어새가 안정적으로 번식할 수 있게 돕고 있지요. 이러한 노력의 결과, 남동유수지 저어새 섬의 경우 번식 성공률이 2009년 24퍼센트에서 2010년 이후 약 60퍼센트로 증가하는 효과가 나타났습니다.

또한 좀 더 많은 저어새가 번식할 수 있도록 흙과 돌을 다져 인공적으로 둥지 터를 마련해 주기도 하는데 이는 번식 쌍의 숫자를 늘리는 데 도움이 됩니다. 최근에는 번식 쌍이 늘어나고 있지만 번식지가 늘어나지 않아 각 번식지에 저어새의 밀도가 높아지고 있습니다. 이에 따라 번식지의 물에 잠기는 곳에 둥지를 틀어 알이 물에 잠기거나, 너구리 등의 포식자가 침입해 알과 새끼를 잡아먹는 일도 자주 벌어집니다.

국립생태원 멸종위기종복원센터에서는 이렇게 희생되는 저어새를 보호하기 위해 물에 잠기거나 포식자에게 희생될 것으로 예상되는 알을 구조하지요. 그 알들을 센터의 사육시설에서 부화를 거쳐 날아다닐 수 있을 때까지 키운 뒤에 다시 원래 살던 곳으로 놓아 주는 연구를 진행하고 있습니다.

둥지 재료 공급과 둥지 터 정리(위쪽), 남동유수지 저어새 섬(아래쪽) ⓒ 권인기

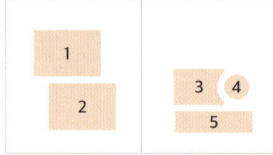

① 너구리의 포식 위험에 노출된 저어새 알 구조(남동유수지)
② 자칫 물에 잠길 뻔한 알 구조(강화도 각시암)
③ 인공부화 중인 저어새 알
④ 인공부화된 새끼 저어새
⑤ 구조 후 인공증식한 저어새를 원래 서식지로 방사
© 권인기

2019년 남동유수지 저어새 섬에서 너구리에게 잡아먹힐 뻔한 알과 강화도 각시암에서 물에 잠길 뻔한 알을 구조하여 마침내 새끼 여섯 마리를 성공적으로 키워냈고, 2020년 이 가운데 네 마리를 원래 서식지로 돌려보냈습니다. 자연으로 돌려보낸 저어새들이 잘 살아가는지 확인하기 위해 표시용 가락지와 GPS 위치 추적기를 달아 추적하고 있

습니다. 장기적으로는 이처럼 구조-자연으로 돌려보내는 과정의 연구가 필요하지 않을 정도로 저어새가 스스로 잘 살아갈 수 있는 번식지 환경을 마련해 주는 방향으로 연구를 진행할 예정입니다.

저어새는 갯벌의 건강성을 판단할 수 있는 지표종이라 할 수 있습니다. 우리나라 갯벌은 세계 5대 갯벌 중의 하나로 생물 다양성이 매우 높아 경제적 가치가 1제곱킬로미터당 약 63억 원이며, 이를 국내 전체 갯벌 면적2,489제곱킬로미터으로 환산했을 때 연간 약 16조 원에 이릅니다.

갯벌은 어류, 게, 새우 등 다양한 해양생물과 저어새를 비롯한 도요물떼새, 백로류, 기러기류, 오리류 등 다양한 물새들의 삶의 터전이며, 오염 정화, 자연재해와 기후변화 조절 기능이 있습니다. 하지만 국토가 좁아 우리가 이용하기 위한 토지를 늘리기 위해 매립 등의 간척 사업이 진행되면서 갯벌의 면적이 점차 줄어들고 있습니다. 이에 따라 갯벌에 사는 수많은 생물들의 생존이 위협받고 있지요. 이러한 상황에서 갯벌 생태계의 상위 포식자인 저어새를 보호함으로써 먹이사슬 아래에 있는 다른 생물들을 보호할 수 있습니다. 나아가 갯벌을 더욱 건강하게 가꾸어 사람과 자연 모두가 행복하게 살 수 있는 세상을 만들었으면 합니다.

평생을 약육강식의 세계에서 살아가는
참수리
. . .

세계자연보전연맹 적색목록 | **취약(VU)**
천연기념물 | **제243-3호**

먹잇감을 사냥하는 가장 큰 맹금류 참수리

참수리영명: Steller's Sea Eagle, 학명: *Haliaeetus pelagicus*는 환경부 지정 멸종위기 야생생물 I급으로 지정되어 보호받는 조류입니다. 대형 맹금류다른 새나 포유류, 물고기 따위를 공격하여 잡아먹는 육식성 조류로 전체 길이는 85~105센티미터이고, 날개를 펼치면 200~230센티미터, 몸무게는 5~9킬로그램에 이릅니다. 암컷이 수컷보다 덩치가 더 큽니다.

하늘을 나는 가장 큰 맹금류에는 날개를 펼친 길이가 300센티미터 정도인 독수리Cinereous vulture나 콘도르Andean condor도 있지만 이들은 죽은 동물들만 먹기 때문에, 살아 있는 동물을 직접 사냥하는 맹금류 중에 참수리가 가장 큰 맹금류라고 할 수 있습니다.

성체성숙한 개체 참수리의 생김새는 몸 전체가 검은빛을 띤 갈색 털에 날개 앞쪽과 꼬리 및 다리 깃이 흰색이라 '흰죽지참수리'라고 불리기도 합니다. 그러나 자연 상태에서 완벽한 어른 참수리의 모습을 찾기란 쉽지 않습니다. 완벽한 성체의 모습을 갖추려면 생후 6~7년의 세월을 거쳐야 합니다. 그 세월 동안 새끼들의 대부분은 자연환경에 적응하지 못하거나 각종 사고와 밀렵으로 성체가 되지 못하고 생을 마치는 경우가 많기 때문입니다.

어린 참수리는 온몸이 진한 갈색 또는 흑갈색이지만 매년 4~10월 사이 '깃갈이'를 거치면서 날개, 꼬리, 다리 깃의 색이 흰색으로 조금씩 바뀝니다. 참수리는 선명한 노란색을 띤 커다란 부리와 쐐기 모양의 흰색 꽁지가 특징입니다.

어른 참수리(위), 어린 참수리(아래) ⓒ강승구

먼저 부리를 살펴볼까요? 옆에서 부리를 보면 위쪽이 뭉툭하게 튀어나왔지만, 앞에서 보면 눌린 것처럼 좁아 보이는 독특한 형태입니다. 또한 윗부리의 끝은 갈고리 모양으로 아래로 구부러졌을 뿐만 아니라 옆면은 잘 다듬어진 칼날처럼 매우 예리합니다. 그 덕분에 산토끼나 고라니와 같은 동물의 살이나 가죽을 찢거나, 연어와 같은 대형 물고기의 뼈를 으스러뜨려 먹기도 합니다.

또 다른 특징인 쐐기 모양의 흰색 꼬리는 다른 맹금류와도 쉽게 구별됩니다. 하지만 어린 개체는 가운데 꼬리 끝이 닳아 짧게 보이고, 빛깔도 흰색 바탕에 검은색 얼룩무늬가 있습니다.

어른 흰꼬리수리(위), 어린 흰꼬리수리(아래) ⓒ강승구

참수리처럼 바닷가와 큰 호수나 강에서 살아가는 맹금류를 '바다수리 Sea Eagle'라고 합니다. 우리나라에는 바다수리로 불리는 종이 참수리 외에도 흰꼬리수리영명: White-tailed Sea Eagle, 학명: *Haliaeetus albicilla* 한 종이 더 있습니다. 흰꼬리수리는 참수리의 사촌뻘인 종으로 참수리와 마찬가지로 바다나 강가 또는 호수에서 살아가며 어류나 물새를 사냥합니다. 또한 크기나 몸 빛깔도 참수리와 많이 닮았는데 흰꼬리수리는 온몸이 밝은 갈색에 꼬리 깃만 흰색이고, 꼬리 끝은 쐐기 모양이 아닌 둥근 모양이라 참수리와 구별됩니다. 그러나 두 종의 어린 개체는 매우 많이 닮아 서로 구별하는 것이 쉽지 않습니다.

참수리는 어디에서 무엇을 먹고 살아갈까?

참수리의 주요 번식지는 극동 러시아의 오호츠크해 연안, 캄차카, 사할린, 마가단 지역이며 11월경 한국, 중국, 일본을 찾아와 겨울을 보냅니다. 우리나라에 기록된 지역으로는 한강~임진강 하구, 강원도 강릉 남대천, 경기도 남양주시의 팔당, 경기도 연천군, 제주도, 낙동강, 경상남도 창원의 주남저수지, 충청남도의 천수만, 전라북도의 만경강 등 우리나라 전역의 해안과 하구, 대규모 간척 해안 등에 불규칙적으로 찾아옵니다.

주로 바닷가, 큰 호수나 강, 하천과 개활지앞이 막히지 않고 탁 트여 시원하게 열려 있는 땅나 농경지 등에서 생활하며 잉어나 붕어와 같은 어류, 오리나 기러기와 같은 조류를 사냥합니다. 하지만 겨울철에 먹이를 구하기가 힘들어지면 동물의 사체를 즐겨 먹기도 합니다.

연해주에서 겨울을 나는 참수리는 먹이를 구하기가 어려워 다양한 동물을 먹잇감으로 합니다. 여우나 사슴 등의 소형 포유류와 사냥꾼이 놓은 덫에 걸린 동물도 가리지 않지요. 물범이나 사슴의 사체도 좋은 먹잇감입니다. 심지어 집 앞에 매어 놓은 개를 낚아채 먹는다고도 합니다. 물범이 새끼를 낳는 3~4월에는 해빙 위를 낮게 날아다니며 물범의 새끼를 사냥하기도 합니다.

우리나라에서 겨울을 보내는 참수리는 생활 습성이 비슷한 흰꼬리수리와 잘 어울립니다. 어느 한쪽이 먹이를 사냥하면 두 수리가 먹이 쟁탈전을 벌여 일부를 빼앗아 먹는 장면도 종종 볼 수 있습니다. 이렇게 해서라도 먹이 먹을 기회를 더 높여 혹독한 겨울을 이겨내기 위한 일종의 전략인 셈입니다.

참수리가 살아남는 방법

참수리는 3~4월이 되면 번식을 하고, 여름을 나기 위해 극동 러시아로 이동하는데 암수가 한번 짝을 맺으면 평생 바뀌지 않는 일부일처제입니다. 바닷가나 강가와 가까운 바위 절벽의 오목한 곳이나 나무에 둥지를 만드는데 이전에 이용했던 둥지를 고쳐서 다시 사용하기도 하지요.

알은 4~5월에 1~3개를 낳으며 보통 2개 정도 낳습니다. 알 품기는 암수가 교대로 하며, 38~40일 후에 부화하면 주로 암컷이 새끼를 돌봅니다. 맹금류는 번식기 동안 암수가 하는 역할이 나누어져 있습니다. 암컷은 새끼를 돌보면서 포식자로부터 둥지를 방어하고 경계의 역할을 맡습니다. 수컷은 새끼와 암컷을 위해 먹이를 구하는 일이 주 역할이지요. 수컷이 먹이를 구해 오더라도 주로 암컷이 새끼에게 먹이를 줍니다. 수컷은 구해 온 먹이를 암컷에게 전달한 뒤 다시 먹이를 구하러 나가거나 주변에 앉아 휴식을 취합니다. 간혹 암컷이 먹이를 먹으러 잠시 둥지를 비우면 수컷이 암컷을 대신하여 새끼들을 돌보기도 합니다.

각각의 알은 낳은 시간 순서대로 부화하므로 부화한 새끼들은 크기에서 차이가 납니다. 이들은 여느 맹금류처럼 '형제 살해siblicide'라는 과정을 겪습니다. 그 과정을 한번 살펴볼까요? 먼저 태어나 덩치가 큰 형이 늦게 태어난 동생을 수시로 공격하는 행동을 하면 동생은 밀려서 둥지 밖으로 떨어져 죽거나 둥지 바닥에 자주 엎어져 있습니다. 이때 어미는 본능적으로 '먹이를 조르는 행동begging'이 강한 건강한 새끼에게 먹이를 주기 때문에 형에게 자주 공격을 받아 힘이 없는 동생은 끝내 굶어 죽습니다. 따라서 둥지에는 대부분 한두 마리의 새끼만이 살아남습니다.

이러한 행동은 우리의 시각으로 보았을 때 아주 잔인하게 느낄 수도 있습니다. 그러나 이들은 어미에게서 독립한 뒤 더욱더 혹독한 시련이 기다리고 있는 야생에서 살아가야 합니다. 이 시련을 이겨낼 수 있는 강한 개체만을 남겨서 생존율을 높이고 대를 잇기 위한 부모의 전략이라고 해석할 수 있습니다. 또한 필요 이상의 알을 낳고도 결국 한두 마리만 키우는 것은 첫 번째 알이 부화가 안 될 것에 대비한 일종의 보험이라는 이야기도 있습니다.

이처럼 참수리는 태어나는 순간부터 형제간 경쟁을 벌이고, 평생을 약육강식의 세계에서 살아가야 할 운명을 지닌 것처럼 보입니다.

갓 태어난 어린 새끼는 까마귀나 어치와 같은 작은 조류에게도 쉽게 공격받을 만큼 매우 약합니다. 따라서 어미는 수많은 공격의 위협에서 새끼를 보호하는 임무를 맡습니다. 만약 부모 중 하나가 사고를 당해 둥지를 비우게 되면 새끼들은 당연히 생존하기가 어렵습니다.

수컷은 둥지의 새끼와 암컷을 위해 매일 먹이를 사냥해 옵니다. 바닷가에서 번식하는 참수리는 먹이를 구하기 위해 주로 갈매기, 바다오리 등 바닷새의 집단 번식지를 찾습니다. 바닷새들 중에서 비행이 서툰 어린 새들이 주요 사냥 표적이며, 참수리는 둥지의 암컷과 새끼들을 위해 충분하게 먹이를 공급할 수가 있습니다. 그렇더라도 집단 번식지에는 바닷새 수천 마리가 번식하므로 전체 개체수에는 큰 영향을 받지 않습니다.

새끼들은 90~100일가량 되면 둥지를 떠나는데 이후에도 둥지 주변에서 약 1개월가량 더 머무르며 먹이 잡는 연습을 합니다. 그러는 동안 어미는 새끼가 독립할 때까지 먹이를 계속 공급해 줍니다. 보통 새끼가 독립하는 9~10월은 연어가 산란하기 위해 강으로 올라오는 시기와 맞아떨어집니다. 독립한 어린 참수리는 사냥이 서툴러 움직임이 날쌘 조류나 어류를 사냥하기에는 무리가 있습니다. 그러나 강으로 올라와 산란을 끝내고 탈진한 수많은 연어는 어린 참수리가 생존하기에 충분한 먹이가 될 뿐만 아니라 사냥 연습을 위한 교습용으로도 손색이 없습니다.

납탄 사용으로 위기에 처한 참수리

참수리는 겨울을 나기 위해 한국을 찾아오지만, 개체수는 그리 많지 않고 대부분 일본의 홋카이도에서 겨울을 보냅니다. 참수리처럼 큰 덩치를 유지하려면 먹이가 많이 필요한데 겨울에는 먹이 구하기가 쉽지 않습니다. 제아무리 참수리라 해도 독수리처럼 죽은 동물을 찾게 되지요. 다시 말해 생태계에서 일종의 청소부 역할을 하는 것입니다.

또한 참수리를 포함한 맹금류는 최상위 포식자로 먹이 생물 가운데 몸이 약하거나 이상이 있는 개체들을 솎아 주는 역할을 합니다. 이는 우수한 혈통의 개체들만이 살아남게 하여 종족을 유지하고, 생태계의 건강성을 회복하는 데 중요한 역할로 이어집니다.

ⓒ강승구

동물의 사체를 주로 먹는 독수리

겨울에 참수리는 주로 물가에서 생활하지만, 일부는 산간 지역에서 동물의 사체를 찾기도 합니다. 야산에는 사람들이 사냥 활동을 하면서 내버려 둔 사슴이 이들의 먹이가 되는 것이지요. 문제는 사슴의 사체에 납탄납으로 만든 총알이 박혀 있고, 이를 먹은 참수리는 납중독에 따른 2차 피해로 고통스럽게 죽어간다는 사실입니다. 납중독을 일으켜 날지 못하고 고통스러워하는 참수리는 주민들에게 발견되기도 합니다. 다행히 야생동물병원에서 치료를 받고 다시 야생으로 돌아가기도 하지만, 그 수는 많지 않습니다.

이처럼 사람들이 쏜 엽총의 납탄에 맞고 거둬들이지 않은 동물의 사체가 맹금류의 생태계에 위협이 되고 있습니다. 뿐만 아니라 납탄에 상처를 입고 달아난 기러기나 오리, 꿩 등의 조류도 맹금류의 치명적인 납중독 위협이라 할 수 있습니다. 맹금류는 본능적으로 잘 날지 못하거나, 행동이 불완전한 상태의 먹잇감에 더 관심을 보입니다. 이들은 참수리뿐만 아니라 모든 맹금류가 사냥하기에 좋은 표적이 되니까요.

우리나라에도 납중독에 따른 맹금류의 피해가 큽니다. 국내에 기록된 맹금류 중 겨울철에 부상당한 동물이나 사체를 먹는 맹금류는 17종가량이며, 이 가운데 환경부 지정 멸종위기종은 참수리, 흰꼬리수리, 검독수리 등 13종이나 됩니다. 사냥 활동에서 사용하는 납탄은 단순히 사냥감인 동물을 살상할 뿐만 아니라 이차적으로 참수리와 같은 맹

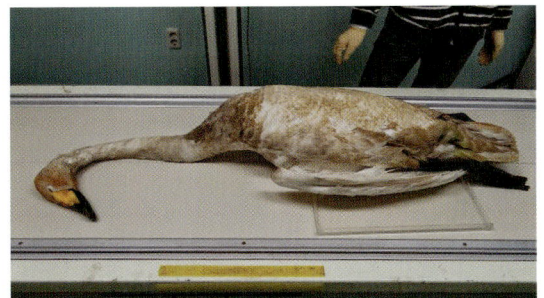

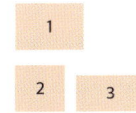

①납 중독으로 죽은 큰고니
②,③ 납탄이 박혀 있는
　　큰고니의 엑스레이 사진
　　(출처: 충남야생동물구조센터)

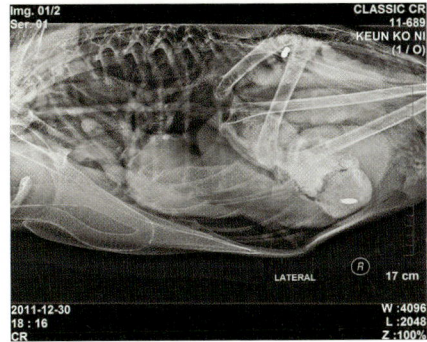

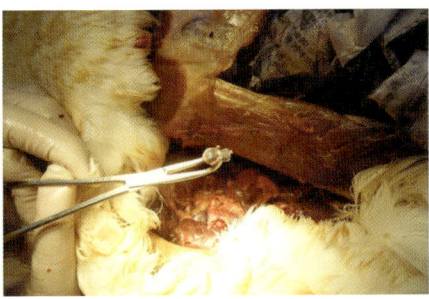

금류 등 포식자들에게 치명적인 피해를 줍니다. 게다가 사냥터 곳곳에 흩어진 납 성분은 토양을 오염시켜 결국 사람에게도 피해를 줄 수 있습니다. 생물을 보호하고 환경오염을 줄이기 위해서라도 납탄 사용은 하루빨리 금지해야 할 매우 중대한 일이라 할 수 있습니다.

　세계자연보전연맹 적색목록에 따르면, 참수리는 전 세계적으로 5,000개체 정도만 기록되어 있는 국제적 보호조로, 개체수가 점차 줄어든다고 추정하여 취약vu 등급으로 분류하고 있습니다. 참수리는 우리나라 환경부 지정 멸종위기 야생생물 I급이기도 합니다. 이처럼 우리나라뿐만 아니라 중국, 러시아, 일본 등 분포 지역에 속해 있는 동아시아 모든 국가에서 자국의 보호종으로 지정하여 보호하고 있습니다.

흰꼬리수리의 번식 지역은 유라시아 대륙 전역에 거쳐 널리 분포하지만, 참수리는 극동 러시아의 캄차카, 사할린, 마가단, 오호츠크해 등 매우 제한적으로 분포합니다. 따라서 서식지가 파괴되면 생존에 크게 위협받는 종입니다. 이처럼 번식지가 사라지는 해안 지역의 개발뿐만 아니라 위에서 살펴본 방역·살충제인 DDT, DDE디클로로디페닐디클로로에틸렌 Dichlorodiphenyldichloroethylene, 중금속 오염은 참수리의 체내 대사 및 호르몬 작용 등 번식 활동에 영향을 주어 종의 생존에 큰 위협이 되고 있습니다.

우리의 새 참수리를 지키기 위한 노력들

참수리는 검독수리Golden Eagle 와 더불어 맹금류 가운데 용맹함을 상징하는 대표 조류입니다. 다만, 검독수리는 육지에서 살아가므로 육지의 하늘을 지배하는 왕이라 한다면, 참수리는 바다에서 주로 생활하므로 바다의 하늘을 지배하는 왕이라고 할 수 있습니다. 이러한 상징적인 이미지로 '참수리'라고 이름 붙인 해군의 고속정도 있습니다. 과거 서해교전 당시 우리의 바다를 용맹하게 지켜냈던 바로 그 고속정의 이름이 '참수리호' 였지요.

바다를 지켜낸 참수리호(왼쪽), 참수리의 위엄과 기품을 담은 경찰 상징표지(오른쪽)

또 다른 무대에서 가장 널리 알려진 것이 있습니다. 경찰 상징표지인 새가 바로 참수리이지요. 경찰의 상징표지는 참수리의 위엄과 기품을 형상화했다고 합니다. 부리의 형태를 사실적으로 표현하여 강하고 용맹스러움을 강조했고, 먼 곳에서도 먹이를 잘 찾아내는 눈은 세심하게 살피는 경찰의 예리한 통찰력을 표현했다고 합니다. 이렇게 참수리는 우리의 일상생활에도 가까이 있는 매우 친숙한 '우리의 새'이며 생태 자원입니다.

앞에서도 설명했듯이 참수리는 옛날부터 우리 땅에서 함께 살아온 친숙한 생물이며, 생태계에서도 중요한 역할을 맡고 있습니다. 하지만 서식지 파괴, 납중독, 중금속 오염 등 종의 생존을 위협하는 요소가 늘어나는 상황입니다. 이 때문에 전 세계적으로 참수리 서식지 보전을 위한 활동이 이어지고 있습니다. 동물원 등 서식지 외 보전 시설에서도 참수리를 증식하고 복원하기 위한 노력을 기울이기도 합니다. 우리나라를 포함하여 국외에 사육 환경에서 증식한 사례가 몇 건

ⓒ강승구

멸종위기종복원센터 사육장에서 비행 훈련을 하고 있는 어린 참수리

있지만, 야생 서식지로 복원한 사례는 아직 없습니다.

국립생태원 멸종위기종복원센터는 증식 및 복원을 위해 참수리 세 개체를 연구 중입니다. 두 개체는 암수 한 쌍이고, 한 개체는 이 암수의 사육 상태에서 태어난 새끼입니다. 새끼가 야생으로 복귀하는 것을 최종 목표로 하면서, 어린 참수리가 방사된 후 야생 환경에 성공적으로 적응할 수 있게 먹이 사냥과 비행 훈련을 겸한 사육을 진행하고 있습니다. 이후 방사된 참수리가 야생에서 어떤 곳을 택해 살아가는지 서식지 이용과 행동권을 파악하기 위해 위치 추적기를 달아 계속 연구할 예정입니다.

이러한 생태 연구 자료는 참수리뿐만 아니라 앞으로 검독수리 등 대형 맹금류 증식과 복원 연구에 중요한 참고 자료가 될 것이라 생각합니다. 야생 서식지로 복귀하는 참수리는 비록 한 마리이지만, 한반도는 물론 동북 아시아에서 건강한 생태계를 회복하고 멸종위기 야생생물의 보호와 보전을 위해 국민들이 받아들이는 상징적인 느낌은 매우 클 것이라 기대합니다.

10

행운을 가져다주는
황새
....

세계자연보전연맹 적색목록 | **위기(EN)**
천연기념물 | **제199호**

검은색 부리, 붉은색 다리가 돋보이는 황새

환경부 자료에 따르면, 우리나라 멸종위기 야생생물 267종 중 조류는 63종입니다. 이 조류들 가운데 황새_{영명: Oriental Stork, 학명:} *Ciconia boyciana* 는 러시아, 중국, 한반도, 일본에 사는 대형 습지성 조류입니다. 우리나라의 '황새'라는 이름은 '큰 새'라는 뜻의 '한새'에서 유래했다고 합니다.

현재 황새는 세계자연보전연맹 적색목록에 절멸 위기EN 등급으로 분류되어 있으며, 우리나라는 환경부 멸종위기 야생생물 I급, 그리고 문화재청 천연기념물 제199호로 지정하여 보호하고 있습니다. 또 북한의 함경북도 김책시 임명리에 서식했던 황새는 북한 천연기념물 제303호로 알려졌습니다. 전 세계적으로 약 2,500여 마리의 황새가 대부분 러시아에서 서식하고, 일부는 중국에서 겨울을 보냅니다.

황새는 겉으로 보기에는 백로egrets, 왜가리herons, 두루미cranes와 비슷하게 생겼지만, 좀 더 자세히 살펴보면 많은 차이점이 있습니다. 사실 백로, 왜가리, 두루미, 황새는 일반인들이 잘 구별하지 못합니다. 모두 하얀색 몸에 부리와 목, 다리가 긴 습지성 조류입니다. 이는 분류학적으로 근연혈연이 매우 가까운 것 관계에 있다기보다 습지와 같은 유사한 환경에 적응된 공통의 형질이라고 볼 수 있습니다.

황새의 주요 서식지는 하천 습지, 논 습지 등을 포함한 물이 얕은 습지_{수심 약 30센티미터}입니다. 육식성인 황새는 물고기에서 개구리, 뱀, 가을엔 메뚜기와 같은 곤충까지 다양한 먹이를 사냥합니다.

황새의 형태 특징을 살펴보면, 몸길이는 약 120센티미터, 검은색 부리는 30센티미터로 온몸은 흰색 깃털로 둘러싸였고, 첫째날개깃 primaries과 둘째날개깃secondaries만 검은색입니다. 긴 다리는 붉은색을 띱니다. 이제 논과 같은 저습지에서 흰 몸에 길고 두툼한 검은색 부리와 붉은색 다리의 새를 만나면 황새라는 것을 쉽게 알 수 있을 것입니다.

동물원에 가면 유럽황새 또는 홍부리황새_{영명: White Stork, 학명: *Ciconia ciconia*}를 만날 수 있습니다. 이 종은 황새보다 몸이 작고 부리가 붉은색

논 습지에서 먹이를 사냥하는 황새

으로 지난날 황새와 아종*Ciconia ciconia boyciana*의 관계였지만, 지금은 완전히 다른 종으로 분류되었습니다. 유럽황새는 황새에 비해 사회성이 좋은 편이라 군집을 이루어 번식하기도 합니다.

황새는 백로류와 달리 번식기에 넓은 텃세권territory, 동물의 개체, 집단이 포식과 생식을 위해 다른 개체나 집단의 침입을 허락하지 않는 점유 구역을 형성하며, 번식 쌍들은 보통 둥지 사이의 거리를 1~4킬로미터로 띄우고 새끼들을 키웁니다. 번식 행동은 12월 겨울부터 나타나며, 이듬해 2월 말에 산란을 하고, 한배에 알을 3~4개 낳습니다. 알을 품는 기간은 약 31~35일, 부화 후 새끼는 63~70일 동안 둥지에서 부모의 보살핌을 받다가 둥지에서 벗어납니다. 사육 상태에서의 평균 수명은 약 30년으로, 가장 오래 산 개체는 48년까지 살았다는 기록이 있습니다.

유럽에서는 오랫동안 황새유럽황새 또는 흰부리황새는 행운을 가져다주는 새로 알려졌습니다. 특히 황새가 '아기'를 물어다 주는 전설을 바탕으로 한 그림, 만화, 엽서, 기념품 등을 많이 접했을 것입니다. 필자는 독일의 조류학자 페터 베르톨트Peter Berthold 박사와 이야기를 나누면서 황새가 큰 개구리를 물고 갈 때 사람들의 눈에 개구리 뒷다리가 아기의 발로 보여 그런 이야기가 전해져 내려왔으리라 생태적으로 추측하기도 했습니다. 그러나 황새는 유럽뿐만 아니라 러시아, 중국, 한국, 일본 등의 많은 나라에서 행운을 가져다주는 새로 믿고 있습니다.

우리나라 마지막 텃새, 황새의 슬픈 이야기

우리나라에서 마지막으로 살았던 황새에게는 슬픈 사연이 있습니다. 1971년 충청북도 음성군에 둥지를 틀었던 황새 부부가 있었습니다. 어느 날, 사냥꾼의 총에 맞아 수컷이 죽었고, 암컷은 그 둥지를 1983년까지 홀로 지켰습니다. 그래서 이 암컷 황새에게 '과부황새'라는 이름을 붙였습니다. 후에 건강에 문제가 생겨 서울대공원의 동물원지금의 서울동물원으로 옮겨져 지내다가 1994년에 생을 마감했습니다. 동물원에서 마지막 황새의 자손을 얻기 위해 러시아 수컷과의 인공증식 등 여러모로 노력했지만, 끝내 우리나라 마지막 황새의 자손을 보지 못하고 절멸되고 말았습니다.

충북 음성군에 둥지를 튼 마지막 황새 부부의 기사

그런데 우리나라와 일본의 텃새인 황새가 모두 1970년 초 동시에 절멸되었다는 사실은 정말 놀라운 일입니다. 일본 역시 1965년부터 수가 줄고 있던 텃새인 황새를 지키려고 많은 연구와 노력을 했지만, 결과는 같았습니다.

2015년 예산군에서 진행된 황새의 첫 자연 복귀 행사

 우리나라는 한국교원대학교 황새생태연구원에서 1996년부터 10여 년간 야생·사육 황새 총 38개체를 러시아, 독일, 일본에서 들여와 인공증식하면서 황새 복원사업을 시작했습니다. 참고로 황새 분포권인 러시아, 중국, 한국, 일본의 황새들은 유전적으로 다른 종으로 분류되지 않습니다. 2015년 지난날 황새의 번식지였던 충청남도 예산군에서 첫 방사가 이루어졌습니다. 이제는 사육 상태에서 증식하고 방사하는 서식지외 보전ex-situ conservation에서 방사된 황새들이 건강히 살 수 있는 서식지내 보전in-situ conservation으로 여러 관계 기관이 많은 연구와 노력을 해야 할 시기가 되었다고 봅니다. 현재 한국교원대학교 황새생태연구원과 예산군 예산황새공원에서는 집단 폐사에 대응하기 위해 황새를 분리하여 사육·증식하고 있습니다. 앞으로 예

산군 집중 방사와 더불어 다른 지자체와 함께 방사·복원지를 확대할
예정입니다.

황새를 위협하는 요인

멸종위기에 처한 황새의 위협 요인은 우리가 살고 있는 환
경과 밀접한 관계가 있습니다. 지금까지 황새들의 수가 줄고, 우리나
라에서 절멸되기까지 한 가지 원인만으로 지목하기에는 조금 무리가
있습니다. 황새가 멸종위기에 처한 이유를 알려면 먼저 황새의 생태
적인 특성을 알아야 합니다.

황새의 주 먹이는 물고기, 개구리, 뱀, 쥐에서 작은 곤충들까지 철
저한 육식성입니다. 그렇기에 황새들의 서식지는 사냥하기 쉬운 물
이 얕은 습지이지요. 현재 많은 습지는 개발로 이미 사라졌고, 논이
자연 습지를 대신하는 상황입니다. 우리나라의 논은 국토의 약 11퍼
센트로, 황새들이 살아가기에는 충분한 면적의 인공 습지가 있는 셈
입니다.

하지만 한국전쟁으로 국토의 산림이 파괴되어 황새가 둥지 틀 나무
가 사라졌고, 1960년대 이후로 벼의 수확량을 늘리기 위해 논에 농약
과 비료를 마구 사용함에 따라 직접적인 농약 중독이나 중독된 먹이의
생물농축biomagnification으로 많은 황새가 죽었을 것이라고 추정합니

다. 생태계에서 생물의 영양 단계가 올라갈수록 특정 유기화학물질^또는 중금속 원소의 농도가 높아집니다. 먹이와 함께 생물의 몸속으로 들어온 유기 오염물이나 중금속 등이 분해되지 않고 쌓이게 되면 결국 죽음에 이르게 됩니다. 이는 우리나라 논 습지에 서식하던 텃새들이 겪었던 문제이지만, 러시아 아무르강 유역의 습지에 사는 황새들도 힘든 상황이라고 합니다. 먹이가 풍부한 황새들의 서식지를 주민들이 불법으로 습지를 메우거나 초원에 불을 질러 토지로 개간하면서 황새가 둥지 틀 나무들이 많이 훼손되어 번식 기회가 급격히 줄어들었습니다. 이밖에도 기후변화로 시시때때로 찾아오는 가뭄으로 인한 먹이 부족, 불곰의 둥지 포식 등이 위협 요인으로 작용하고 있습니다.

복원한 황새를 야생으로 방사하다

1996년부터 한국교원대학교 한국황새복원연구센터에서 러시아·독일·일본의 야생·사육 황새를 들여와 증식에 성공하면서 2015년 방사하기에 이르렀습니다. 방사된 약 80여 마리의 황새들은 방사지인 예산군을 중심으로 번식하고, 대부분 논이 많은 충청남도, 전라남북도에 서식하고 있습니다. 일반적인 조류의 특성에 따라 황새들 역시 아직 성숙하지 않은 개체들은 여러 지역을 탐색하며 살고 있습니다. 이에 덧붙여 러시아에서 번식하고 우리나라에서 겨울을 보내는 황새는 20~30마리로 관찰되고 있습니다.

　우리나라에 사는 황새는 생활사 측면에서 하천과 논 습지에 일 년 내내 사는 '텃새'와 러시아에서 번식하고 우리나라에서 겨울을 보내는 '겨울철새'로 분류합니다. 황새들이 사는 곳, 즉 국제적 분포권은 극동 러시아, 중국 북동부, 한반도, 일본에 한정되어 있습니다. 이 네 나라에 사는 황새들이 모두 같은 생활양식을 보이지 않습니다. 예를 들면, 러시아 황새들의 서식지는 위도가 높고, 번식기가 짧으며, 아주 넓은 아무르 강 유역에서 번식하고, 겨울은 중국이나 한반도로 남하하여 지냅니다. 아마도 오래전 러시아 일부 황새들이 한반도와 일본의 논과 하천에 정착하여 일 년 내내 텃새의 삶을 선택한 것으로 추정됩니다. 이에 따라 한반도는 일 년 내내 지내는 텃새인 황새들이 있고, 겨울이 되면 러시아 황새들이 내려와서 함께 지내던 곳인 셈이지요. 다시 말해, 지난날에는 겨울이면 더 많은 황새들을 볼 수 있었다고 합니다.

　하지만 한반도에서 겨울을 보내는 황새들이 러시아 어디에서 오는지 아직 밝혀지지 않았습니다. 최근 들어 극동 러시아 지역인 항카 호 습지와 킹칸스키 습지에서 태어난 개체들이 충청남도 서산시 천수만, 경상남도 거제도 등지에서 관찰됨에 따라 겨울철새인 황새의 서식지가 밝혀졌습니다. 따라서 우리나라에 방사한 황새들 그리고 철새인 황새들 모두 보전해야 할 필요가 있습니다.

자연으로 복귀한 황새의 겨울나기(위쪽), 방사 황새와 철새 황새의 겨울나기(아래쪽) ⓒ 윤종민

아직도 끝나지 않은 텃새 개체군의 복원

　　앞으로 황새 복원은 서식지외 보전에서 서식지내 보전으로 바뀌고 있습니다. 황새가 절멸되었던 1970년대 초까지 이 멸종위기종에 관한 연구가 부족했던 탓에 현재의 환경에서 어떻게 하면 황새 개체군을 안정적으로 보전할지 고민해야 합니다.

　　황새의 주요 서식지는 논 습지와 하천 습지가 포함된다는 점은 부정할 수 없는 사실이 되었습니다. 농약을 사용하지 않는 논 습지는 야생동물에게는 더할 나위 없이 고마운 생존의 조건이지요. 하지만 농업 경제 활동에는 상당히 힘겨운 고통입니다. 우리의 주식인 쌀을 생산하는 농촌에서는 벼를 심고 거두어들일 때까지 잡초와의 전쟁을 치러야 할 뿐만 아니라 고령화된 농촌에서 농약을 사용하지 않고 이익을 창출하는 데에는 한계가 있습니다.

　　황새 복원을 먼저 시작한 일본은 멸종위기종의 보전과 지역 농업 경제의 활성화라는 두 마리 토끼를 모두 잡기 위해 다양한 정책을 펼치고 있습니다. 예를 들면, 무농약 농업 유기농업보다는 저농약 농업, 휴경을 통한 논 습지 조성과 그에 따른 보상제도, 황새를 이용한 농산물의 부가가치 창출 등 다양한 황새-농업 공생 모델을 적용하고 있습니다. 우리나라 역시 논 습지의 생태적·경제적 가치를 바로 알고 일본처럼 멸종위기종-인간의 공생 모델을 지속적으로 개발하고 적용하는 데 노

러시아 인공 둥지탑(위쪽),
예산군 관음리의 인공 둥지탑(아래쪽) ⓒ 윤종민

력을 기울이고 있습니다. 무엇보다 농산물 소비자인 우리 개개인의 지지가 더욱 필요한 시기라 할 수 있습니다.

황새 분포권에 포함된 4개 국가의 야생 황새의 서식 환경을 정밀 분석하여 건강한 습지 생태계를 조성하고 지속적으로 관리할 필요가 있습니다. 현재 러시아에서는 적극적인 민·관·연 번식지 모니터링과 함께 아무르 습지의 방화 감시, 인공 둥지탑 조성 및 중국과의 이동경로 연구에 힘을 쏟고 있습니다. 중국은 러시아와 협력하여 주요 월동지를 개선하고 관리하고 있으며, 한국과 일본은 텃새 개체군의 복원에 주력하고 있습니다.

과거 각국의 황새 보전 사업은 분리되었지만, 최근 들어 국가 간 협력이 필요함에 따라 주요 번식지인 러시아와 주요 월동지인 중국이 공동 연구를 통해 황새 이동경로flyways, 번식지↔월동지 및 중간 기착지를 파악하여 서식지 관리를 적극적으로 추진하고 있습니다.

국립생태원 멸종위기종복원센터에서는 오랜 기간에 걸쳐 미진했던 러시아-한반도 황새 생태축 보전에 관한 연구를 진행할 예정입니다. 해마다 우리나라에서 겨울을 보내는 황새 20~30마리가 어디에서 번식하고, 어떤 서식지를 이용하며, 어떤 경로로 이동하는지를 연구하는 것이지요. 이러한 연구 결과는 번식지, 이동경로 그리고 월동지의 위협 요인을 파악하고, 서식지 관리를 하는 데 매우 중요한 정보를 제

공합니다.

앞으로 한국-러시아의 멸종위기종 보전을 위해 러시아 학자와의 협력이 매우 중요하며, 이는 한반도에 더 많은 황새들이 인간과 공존하며 살 수 있도록 보금자리를 마련해 주는 데 큰 역할을 할 수 있을 것이라 믿습니다.

11

예쁘고 여리지만 강한 뱀,
비바리뱀
....

작고 몸 색이 수수하여 붙인 이름 비바리뱀

우리나라에 작고 예쁘게 생긴 뱀이 있는 것을 여러분은 알고 있나요? 뱀 하면 많은 사람들이 두려움에 대상으로 여기면서 징그럽다고 생각하지만, 우리나라 제주도에는 여리고 예쁘게 생겨 제주도 방언으로 '처녀'라는 뜻의 '비바리'라는 이름을 붙인 비바리뱀이 있습니다.

비바리뱀영명: Black-headed snake, 학명: *Sibynophis chinensis*은 분류학상 척삭동물문 파충강 유린목 뱀과 비바리뱀속에 속합니다. 비바리뱀은 현재 우리나라 제주도에만 서식하고 있으며, 동일한 종이 중국, 대만, 베트남 등에도 서식하는 것으로 알려졌습니다. 우리나라에 서식하는 비바리뱀은 개체수가 매우 적어 1993년 특정야생동식물로 지정된 이래 2005년 멸종위기 야생동식물 II급 종으로 지정되었고, 2012년 환경부 지정 멸종위기 야생생물 I급 종으로 보전 등급이 높아져 지금에 이르고 있습니다.

비바리뱀은 1982년 고故 백남극 교수가 제주도 성판악 인근에서 발견하여 우리나라 미기록종으로 학계에 보고했습니다. 당시 국내에서 발견된 적이 없는 새로운 뱀의 국명을 어떻게 지을까에 대해 많은 고민을 했고, 우리나라에 서식하는 여느 뱀들에 비해 몸이 작을 뿐만 아니라 몸 색도 수수하고 예뻐 보여 제주도 방언으로 처녀를 뜻하는 '비바리'를 붙여 '비바리뱀'으로 지었다고 알려졌습니다.

1982년 미기록종으로 보고된 이후에도 관찰되는 수가 매우 적어 분포와 생태에 관한 연구가 거의 이루어지지 않아 많은 것들이 베일에 가려졌던 종이기도 합니다. 비바리뱀에 대한 본격적인 조사와 학술 연구는 특정야생동식물로 지정된 1993년 이후부터 조금씩 시작되어 현재까지 분포, 분류계통 분류, 유전자 분석 등, 생태먹이원, 번식 방법, 행동권 등에 관한 연구들이 진행되었습니다.

비바리뱀은 현재까지 제주도에만 서식하는 것으로 알려졌습니다. 최초에 발견된 지점은 성판악 인근 해발고도 약 1,300미터인 지점이었으나 이후 수행된 분포 관련 연구에서는 해발고도 600미터 이하 제주도 전역의 초지대와 해안가에 주로 서식하는 것으로 나타났습니다. 이 지역들은 오래전부터 방목지나 목장으로 사용했지만, 현재는 소나 말을 방목하지 않고 방치하여 초본과 관목이 혼재하고 있습니다. 참억새, 띠, 개솔새, 잔디 등과 같은 초본식물과 청미래덩굴, 찔레꽃, 보리수나무, 국수나무 등의 관목들이 대표적으로 분포하는 것으로 조사되었습니다. 또한 이 지역들에서 비바리뱀의 주 먹이원으로 알려진 줄장지뱀이 풍부하게 서식하는 것으로 알려졌습니다.

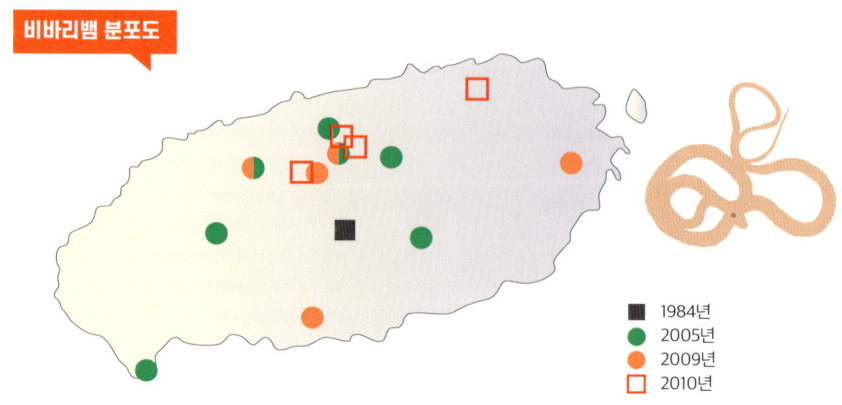

■ 1984년
● 2005년
● 2009년
□ 2010년

고도별 출현 빈도

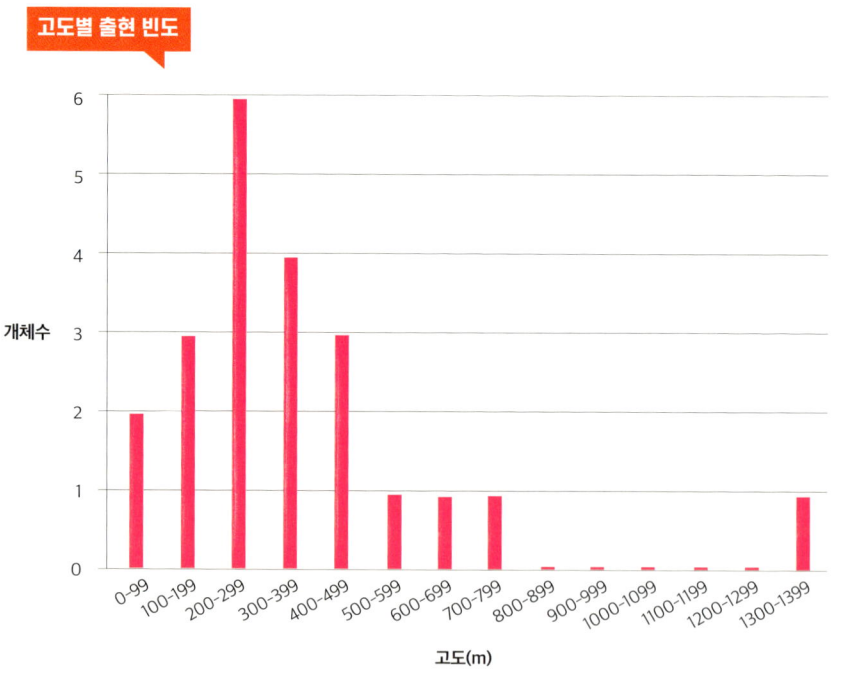

(자료 출처: 2011년 환경부 차세대 연구사업 보고서)

비바리뱀의 형태 특징

비바리뱀은 전체 길이 40~70센티미터로 우리나라에 서식하는 다른 뱀들에 비해 크기가 작은 편입니다. 비바리뱀의 등쪽은 황갈색 또는 적갈색이며 특별한 무늬가 없습니다. 정수리는 검은색에 흑갈색의 불규칙한 무늬가 있으며, 정수리 아래부터 검은색 무늬가 목덜미까지 넓게 이어지다가 목덜미 아래부터는 등쪽의 척추를 따라 서서히 가늘어지면서 희미해지는 것이 특징입니다. 주둥이 윗입술판의 안쪽은 흰색이고, 위쪽과 아래쪽에 가느다란 검은색 줄무늬가 있으며, 아랫입술판은 옅은 황색입니다. 배쪽은 옅은 황색 또는 누런빛을 띤 흰색이고, 배 비늘의 양쪽 가장자리는 붉은빛을 띤 갈색이 나타납니다. 몸통 가운데 비늘 열은 대부분 17줄이고, 각각에 비늘은 편평한 것이 특징입니다.

비바리뱀 전체 생김새(위)와 머리 부분(아래) ⓒ 이정현

비바리뱀(왼쪽)과 대륙유혈목이(오른쪽) ⓒ 이정현

우리나라에서 서식하고 있는 뱀류 가운데 비바리뱀과 가장 비슷하게 생긴 종은 대륙유혈목이입니다. 대륙유혈목이는 비바리뱀처럼 소형 종이며, 서식하는 지역은 제주도를 포함한 우리나라 전역이며, 생김새와 몸 색이 매우 유사해 비바리뱀으로 잘못 알기 쉽습니다.

하지만 생김새를 몇 가지 비교해 보면 두 종 사이에 큰 차이점이 있습니다. 그 차이점에 따라 자세히 살펴보면 쉽게 구별할 수 있지요. 먼저 전체적인 몸 형태에서 비바리뱀이 대륙유혈목이보다 더 가늘고 깁니다. 그리고 몸 색과 무늬에도 차이가 있는데 첫 번째가 바로 정수리의 검은색과 무늬 모양입니다. 비바리뱀은 정수리머리 전체가 검은색이고 흩어져 있는 흑갈색 무늬가 목덜미 이후부터 가늘어져 위에서 보면 마치 과거 아가씨들의 댕기머리를 떠올리게 합니다. 반면, 대륙유혈목이는 정수리 부분만 검은색이며 가느다란 검은색 줄무늬가 없습니다.

두 번째는 각각의 비늘에 세로로 가늘게 돌출한 부분_{용골}을 비교해 보는 것입니다. 비바리뱀은 각각의 비늘에 용골이 없이 편평한 반면, 대륙유혈목이는 각각의 비늘에 가느다란 용골이 한 줄 있어 이 비늘을 비교해 보면 두 종을 구별할 수 있습니다. 마지막으로 배_{배 비늘} 양쪽 가장자리를 살펴보면, 비바리뱀은 배 비늘 양쪽 가장자리에 특별한 무늬가 없는 반면, 대륙유혈목이는 양쪽 가장자리에 작은 검은색 반점이 있습니다. 이처럼 몇 가지 특징을 비교하면 멸종위기종인 비바리뱀을 대륙유혈목이와 쉽게 구별할 수 있습니다.

비바리뱀과 대륙유혈목이의 비교

비바리뱀　　　　　　　대륙유혈목이

머리

몸통

ⓒ 이정현

비바리뱀은 4월부터 10월까지 활동하고, 특히 5~7월에 관찰 빈도가 높은 것으로 알려졌습니다. 비바리뱀은 제주도 전역의 산림과 해안의 초지대에서 대부분 관찰되며 일부는 주택가, 생태공원 등과 같은 인구 밀집 지역에서 관찰되기도 합니다.

비바리뱀의 주요 먹이에 대해서는 2005년 처음으로 확인되었는데, 당시 도마뱀과 줄장지뱀 같은 도마뱀류로 알려졌습니다. 이후 진행된 2010년 연구에서는 대륙유혈목이 새끼도 추가로 관찰되어 대부분의 먹이가 소형 파충류인 것으로 나타났습니다. 다른 파충류를 먹이로 하는 습성은 흔치 않은 특징이며, 이전까지 우리나라에 서식하는 11종의 뱀류 가운데 다른 뱀을 잡아먹는 종은 능구렁이가 유일한 것으로 알려져 있었습니다. 비바리뱀이 비록 작고 여리게 생겼지만, 생태계 먹이사슬에서 다른 파충류를 잡아먹는 상위 포식자에 포함된다는 것에 대해 많은 사람들이 놀라움을 감추지 못했습니다.

비바리뱀의 생태 특징

대부분의 파충류는 번식기에 체내 수정 과정을 거쳐 알 또는 새끼를 낳는 것으로 알려졌습니다. 비바리뱀의 번식에 대해서는 최근 2017년과 2018년에 사례들이 보고되었습니다. 비바리뱀은 4월부터 10월까지 활동하는데 짝짓기는 9월경입니다. 보통 파충류와 마찬가지로 수컷 여러 마리가 암컷 한 마리와 집단으로 짝짓기 하는 모습이 관찰되었습니다. 이는 수컷 간 경쟁을 통해 우월한 유전자를 확보함과 동시에 제주도라는 제한된 지역 안에서 서식하는 비바리뱀이 현재까지 생존할 수 있었던 번식 전략이라고 해석할 수 있습니다.

암컷 비바리뱀은 6월경 하얀색에 장타원형_{길이가 폭의 2배 이상으로 보통의 타원형보다 깊}의 알을 6개 정도 낳으며, 알의 크기는 길이 약 2.5센티미터, 폭 약 1센티미터 정도입니다. 알은 34~41일이 지나서 차례대로 부화했고, 막 태어난 새끼 비바리뱀의 전체길이는 약 16센티미터 정도입니다. 각각 관찰한 짝짓기와 산란 시기를 고려해 보면, 비바리뱀 암컷은 전년도 아니면 그 이전에 짝짓기한 상태에서 정자를 일정 기간 동안 저정낭에 저장했다가 산란이 가능한 몸 상태가 되면 수정하여 알을 낳는 번식 습성이 있는 것으로 보입니다. 이런 번식 방법은 우리나라 살모사과 종들_{쇠살모사, 살모사, 까치살모사}에서도 공통적으로 확인되는 특징입니다.

우리나라 제주도에 서식하는 비바리뱀의 미토콘드리아 유전체를 분석한 결과, 현재 제주도에 서식하고 있는 비바리뱀은 적어도 3개 이상의 모계에서 유래된 집단으로 나타났습니다. 아울러 비바리뱀의 유전적 다양성, 특정 염기서열의 다형성 및 동일 유형 집단의 분포 양상을 미루어 짐작하건대 과거 비바리뱀이 제주도로 유입된 횟수가 단 1회가 아닌 수차례에 걸쳐 나누어 유입된 것으로 추정됩니다. 아열대 지역에 주로 서식하는 비바리뱀은 빙하기와 간빙기를 거치면서 기후변화에 따라 제주도까지 북상한 것으로 예상합니다.

또한 현재 제주도에 고립된 비바리뱀 집단은 제주도 안에서 각각 독립된 소규모 개체군으로 구성된 것이 아닌, 각 지역의 소규모 집단 간 유전적 교류를 지속적으로 해온 것으로 나타났습니다. 이러한 결과는 비바리뱀의 먹이가 대부분 소형 파충류인 도마뱀, 줄장지뱀 등으로 먹이를 찾기 위해 넓은 지역을 오가는 습성에 따른 것으로 추정됩니다.

더 많은 정보를 얻기 위해 꾸준한 생태 연구가 필요

비바리뱀의 이동과 행동권에 대해서는 무선 추적을 이용해 짧은 기간이나마 연구를 진행한 사례가 있습니다. 무선 추적을 하려면 대상 종에 소형 발신기를 달아야 합니다. 비바리뱀은 워낙 작아 발신기 크기도 아주 작았던 탓에 약 7일 동안 비바리뱀의 행동을 관찰할 수밖에 없었다고 합니다. 해당 연구 결과, 일일 평균 이동거리는 약 14미터, 최대 이동거리는 약 48미터로 확인되었으며, 7일 동안의 행동권 면적은 약 2,300제곱미터로 나타났습니다. 아울러 맑은 날과 흐린 날에는 이동하지만 비가 오는 날에는 은신처에 숨어 이동하지 않는 습성도 관찰되었습니다.

이를 바탕으로 한 제주도에서 비바리뱀이 관찰되는 지점의 환경 요인들을 이용한 서식지 적합성 모델 분석에서 비바리뱀 서식에 영향을 미치는 주요 환경 요인으로 해발고도, 일조량, 하천과의 거리인 것으로 확인되었습니다. 해발고도는 고지대보다 저지대로 갈수록 비바리뱀의 출현에 긍정적인 영향을 미쳤으며, 연간 일조량이 많고 하천과의 거리는 가까울수록 비바리뱀의 출현에 긍정적인 영향을 미치는 것으로 나타났습니다.

현재 멸종위기 야생생물 I급 종으로 보호하고 있는 비바리뱀을 보전하려면 무엇보다 먼저 정보가 여전히 부족한 비바리뱀의 생태 연구가 진행되어야 합니다. 비바리뱀과 관련한 기초 생태 연구로는 개체군 분포와 개체수 파악, 수명, 연간 이동거리와 행동권 면적, 주요 먹이원, 번식 생태, 주요 서식지의 환경 조건과 생물상 등이 있습니다. 이와 함께 제주도 내 유전적 다양성이 비교적 높은 집단의 원종을 확보하여 개체 증식을 통한 현지 개체군 보강이 필요합니다. 그 무엇보다 비바리뱀이 서식할 수 있는 핵심 서식지들을 발굴하여 지속적인 위협 요인 제거와 관리가 필요할 것입니다.

예쁘고 여리지만, 생태계에서 상위 포식자인 비바리뱀 보호를 위해 많은 관심과 더불어 적극적인 개체군 복원과 서식지 보호가 절실한 시점입니다.

12

서식지 변화에 민감한
장수하늘소

····

세계자연보전연맹 적색목록 | **위기(EN)**
천연기념물 | **제218호**

경제적으로 중요한 곤충 장수하늘소

전 세계에 곤충은 100만 종이 넘는 것으로 보고되어 있으며, 우리나라에 사는 약 10만여 종의 생물 가운데 1만 8638종의 곤충이 2019년 현재 국가생물종목록에 등록되어 있습니다. 이러한 곤충 가운데 딱정벌레목의 하늘소과는 전 세계에 4,000여 속, 3만 8000여 종이 살고 있는 것으로 알려졌으며, 우리나라에는 356종의 하늘소과 곤충이 기록되어 있습니다.

하늘소과는 몸 형태가 날렵하고 긴 더듬이와 몸 색깔이 화려하여 많은 사람들의 관심을 받고 있습니다. 또 하늘소라는 이름이 사람들에게 친근하게 다가오기도 합니다. 생태계에서 하늘소과는 식물의 꽃가루를 전달해서 열매를 맺게 하는 꽃가루받이 매개자 역할이나 오래된 고목의 분해를 돕는 분해자 역할을 하고, 일부는 산림 해충으로 분류되기도 하는 경제적으로도 중요한 곤충입니다. 하늘소류는 일반적으로 4~9월에 성충이 되어 꽃_{꽃잎이나 꽃가루}, 잎과 줄기, 수액이나 곰팡이류 등을 먹으며 살아갑니다.

곤충은 크게 알, 유충, 번데기, 성충의 네 단계를 거치는 갖춤탈바꿈_{완전변태}을 하는 종류와, 번데기 시기를 거치지 않고 알, 약충, 성충의 세 단계를 거치는 안갖춤탈바꿈불완전변태을 하는 종류로 나뉩니다. 하늘소과에 속하는 곤충들은 갖춤탈바꿈을 하며 알, 애벌레, 번데기, 성충으로 한살이를 살아갑니다.

보통 하늘소보다 덩치가 크고 힘이 세다는 뜻에서 이름 붙인 장수하늘소의 삶 중에서 성충 기간은 대체로 짧습니다. 짧게는 수일부터 길게는 수 주일 안에 우화, 교미, 산란, 사멸의 과정을 거칩니다. 일반적으로 장수하늘소의 수컷은 성충 기간이 12~35일로, 성충 기간이 35~45일인 암컷보다 짧습니다.

장수하늘소의 성충은 나무껍질 틈에 알을 낳습니다. 나무껍질 틈 속에서 30~35일을 지내고 알에서 깨어난 장수하늘소 애벌레는 본능적으로 나무 안쪽으로 파고 들어갑니다. 대부분의 장수하늘소 애벌레들은 그곳에서 나무속을 갉아 먹으며 5~7년간을 보낸 뒤, 한 달 정도 번데기 시기를 거쳐 4~9월에 새로운 성충으로 활동하게 됩니다.

원시적인 형태의 가치를 지닌 장수하늘소

하늘소과의 장수하늘소는 그 원시적인 형태에 따라 하늘소과 가운데 초기에 지구상에 나타났을 것으로 추정하고 있습니다. 또한 장수하늘소를 제외한, 장수하늘소와 같은 속에 속하는 비슷한 하늘소류가 중남미에 서식하고 있어 과거 빙하기에 유라시아 대륙과 아메리카 대륙이 이어져 있었음을 증명하는 생물학적 자료로서 생물 분류와 분포학적으로 가치가 높은 귀한 곤충입니다. 이에 따라 환경부에서는 1998년 '멸종위기 야생동·식물 및 보호야생동·식물'로 지정했고, 2012년부터 '멸종위기 야생생물 I급'으로 지정하여 보호하고 있습니다.

또한 1960년대부터 장수하늘소의 서식 밀도가 급격하게 낮아져 1968년부터 문화재청에서 장수하늘소를 천연기념물 제218호로 지정하여 보호하고 있습니다. 장수하늘소 서식지는, 1962년 천연기념물 제75호 '춘천의 장수하늘소 발생지'로 강원도 춘천시 북산면 추전리 지역이 지정되어 보호받았지만, 장수하늘소 서식지가 소양강댐 건설로 수몰되어 1973년 지정이 해제되었습니다.

현재 우리나라에서는 경기도 포천의 광릉숲이 장수하늘소의 유일한 서식지로 알려졌습니다. 과거에는 강원도 오대산의 소금강을 비롯하여 춘천·화천·양구, 서울의 북한산 등에 장수하늘소가 분포한 기록이 있지만, 1970년대 중반 이후 장수하늘소가 확인된 곳은 광릉숲밖에 없습니다.

장수하늘소는 우리나라를 중심으로 북한과 러시아 연해주, 중국 동북부 등 동북아시아에 분포하는데, 1899년 러시아에서 처음 발견된 뒤 100년이 넘는 동안 러시아에서 확보한 장수하늘소 표본이 100개 남짓일 정도로 드물어 희소성이 매우 높은 곤충입니다. 현재 장수하늘소가 가장 많이 분포하는 곳은 북한일 것으로 추정하지만, 북한의 장수하늘소에 대해 자세한 정보를 얻기가 쉽지 않습니다. 지금까지 장수하늘소가 속한 장수하늘소속에는 모두 8종이 보고되었는데, 동북아시아의 장수하늘소를 뺀 나머지는 모두 멕시코와 중남미, 카리브해 등에 분포하여 과거 장수하늘소류가 베링해로 연결된 유라시아와 아메리카 대륙에 넓게 분포했을 것으로 추정합니다.

장수하늘소는 1898년 러시아 학자인 안드레이 페트로비치 세묘노프 트얀 샨스키Andrey Petrovich Semyonov-Tyan-Shansky, 1866~1942가 러시아의 블라디보스토크에서 채집한 장수하늘소 표본을 바탕으로 *Callipogon (Eoxenus) relictus*라는 학명으로 최초로 기재했습니다.

장수하늘소의 형태와 생태 특징

대부분의 하늘소과에 속하는 곤충들은 더듬이가 길지만, 장수하늘소는 더듬이가 몸길이보다 짧은 것이 특징입니다. 물론 몸집도 커서 수컷은 몸길이가 60~110밀리미터, 암컷은 55~90밀리미터로, 유라시아 대륙 히말라야 산맥 이북의 구북구에 서식하는 딱정벌레 종류 가운데 가장 큽니다.

몸은 전체적으로 검은빛을 띤 갈색이며, 등 쪽은 짧은 금빛 털로 덮여 있지만 마찰에 의해 잘 벗겨지고, 앞가슴등판의 앞쪽 양옆에 둥근

홈과 뒤쪽의 양옆, 가운데가슴등판에 금빛 털이 많이 남아 있어 무늬처럼 보이기도 합니다. 앞가슴등판의 양옆은 톱날처럼 들쑥날쑥 돌기가 나와 있습니다. 수컷의 큰턱은 가위처럼 양옆으로 갈라지고 위쪽으로 구부러져 있어 사슴뿔 모양으로 보입니다. 이에 비해 암컷의 턱은 작습니다.

장수하늘소의 애벌레가 살아가는 우리나라의 기주식물은 서어나무, 신갈나무, 갈참나무, 까치박달 등이 알려졌고, 극동 러시아 지역에서는 물푸레나무류, 느릅나무류, 참나무류를 이용하는 것으로 알려졌습니다. 지금까지 11개 속의 17종이 장수하늘소의 기주식물로 밝혀졌습니다.

장수하늘소 암컷(왼쪽), 수컷(오른쪽) ⓒ 국립수목원, 임종옥

이처럼 장수하늘소 애벌레는 서어나무나 신갈나무, 물푸레나무 등과 같은 큰 나무의 고사목 속을 파먹고 자랍니다. 그렇게 5년에서 7년이 지나면 성충이 되는데 성충은 참나무류의 수액을 빨아먹고 삽니다. 이렇듯 장수하늘소는 나무껍질과 나무속을 갉아 먹고 살기 때문에 나무에 피해를 주는 해충으로 여겨지기도 했습니다.

그러나 모든 생태계는 조화와 균형을 이루는 것이 중요합니다. 생태계에서, 여러 종류의 하늘소는 숲에서 식물의 밀도를 조절하는 역할을 합니다. 숲의 식물들은 영양분과 햇빛, 물과 같은 자원을 나누어 씁니다. 경쟁에서 밀리고 수세가 기운 식물에 장수하늘소 성충이 알을 낳고, 장수하늘소 애벌레들이 줄기 속을 파먹음에 따라 이미 도태된 식물이 분해되어 거름으로 돌아가는 과정을 촉진하는 역할을 합니다.

이러한 장수하늘소가 우리나라에 살아가는 개체수가 적은 이유로 여러 가지를 꼽을 수 있습니다. 먼저 장수하늘소가 살아갈 수 있는 좋은 숲이 많지 않습니다. 장수하늘소 애벌레가 5~7년의 긴 기간 동안 나무속을 갉아 먹으며 살아가려면 죽어 가는 신갈나무나 서어나무 같은 참나무류의 거목이 필요합니다. 그러나 장수하늘소가 살아갈 나무가 있는 오래된 자연림은 우리나라에서 거의 찾기 힘듭니다. 또한 지구온난화에 따른 기온 상승이 문제입니다. 장수하늘소는 겨울이 춥고 여름이 짧은 냉대 기후에서 서식하는 곤충입니다. 그런데 한반도 기온이 점점 높아져 장수하늘소가 살아갈 숲이 점점 줄어드는 것이 문제입니다. 이에 덧붙여 장수하늘소 성충은 불빛에 이끌려 숲 밖으로 나오는 성향이 있어 달리는 자동차에 부딪히기도 하고, 장수하늘소 서식처인 광릉숲 주변이 개발되는 것도 문제입니다.

우리나라 장수하늘소 발견에서 보전하기까지의 과정

우리나라 장수하늘소는 일제 강점기에 일본학자인 고조 사이토Kozo Saito가 최초로 발견했지만, 다른 종으로 혼동했습니다. 하지만 1934년 조복성 박사가 일본 학자의 표본을 확인한 뒤 장수하늘소 *Callipogon relictus Semenov*로 정정했습니다. 광복 후 1946년 조복성 박사는 장수하늘소의 국내 분포지를 조사하여 춘천, 화천, 양구 및 북한산,

광릉에 장수하늘소의 서식을 보고했고, 1961년에 장수하늘소의 형태 특징을 학문적으로 기술했습니다. 이후 장수하늘소의 외형 및 생태에 관한 연구가 이어졌지만, 1980~1990년대에는 장수하늘소에 관한 연구가 많지 않았습니다. 2000년에 들어서면서 장수하늘소에 관한 관심이 높아지고, 장수하늘소의 유일한 서식지인 경기도 포천 광릉숲 보호를 비롯한 장수하늘소 보전을 위한 연구가 시작되었습니다.

우리나라는 2009년 환경부 국립생물자원관에서 장수하늘소 인공 사육과 증식에 관한 연구를 수행했습니다. 이에 균사를 이용한 먹이원을 개발하여 자연에서 5년 이상 걸리는 유충 기간을 획기적으로 줄이는 성과를 얻었습니다. 현재 인공 사육 시설에서 장수하늘소의 증식 연구를 꾸준하게 실행하고 있습니다. 2017년 임종옥 박사를 포함한 국립수목원의 연구진이 장수하늘소의 미토콘드리아 유전체 분석 연구를 수행하면서 장수하늘소 연구에도 유전체 정보를 활용하기 시작했습니다.

2019년 장수하늘소 인공증식 연구를 꾸준히 수행해 온 곤충자연생태연구센터의 이대암 박사는 인공 먹이원을 이용하면서 휴면하지 않는 장수하늘소 유충의 생육 기간에 관한 비교 연구를 수행했습니다. 이대암 박사는 빛이 없는 조건에서 온도 섭씨 30도, 습도 60퍼센트의 환경에서 장수하늘소 유충을 사육하면 자연 상태 생육 기간의 약 10분의 1인 7~8개월 만에 성충이 되는 것을 확인했습니다.

장수하늘소 복원에는 서식지 복원이 필수

장수하늘소에 관한 연구는 다른 동물에 비해 어려움이 많습니다. 먼저, 천연기념물 및 멸종위기 야생동물로 보호를 받고 있기에 장수하늘소를 연구하려면 관계 당국의 허가가 필요합니다. 또한 다른 곤충에 비해 장수하늘소는 산란 수가 대략 100개 이내로 적고, 알에서 성충에 이르는 기간이 5~7년 걸리며, 대부분의 시간을 고목 속에서 유충으로 보내고, 성충 기간이 약 1달 이내로 짧아 자연 상태에서 관찰이 쉽지 않습니다. 이러한 이유로 장수하늘소에 관한 연구는 다른 곤충의 연구에 비해 활발하지 않습니다.

곤충은 몸집이 작고 세대가 짧기 때문에 환경의 영향을 많이 받습니다. 따라서 곤충은 서식지 변화에 민감하여 이들을 보호하려면 서식지 보호가 가장 중요합니다. 장수하늘소는 곤충 가운데 몸집이 큰 편이지만, 다른 곤충과 마찬가지로 환경의 영향을 많이 받으므로 장수하늘소를 복원하려면 서식지 보호가 가장 중요합니다. 현재 우리나라에 장수하늘소가 자연적으로 서식하는 곳은 경기도 포천의 광릉숲 한 곳만 알려져 있습니다. 이곳은 산림청의 국립수목원이 있는 곳으로 많은 생물들을 보호하고 있습니다. 국립수목원의 전문 연구진들은 장수하늘소 복원을 위해 다양한 연구를 수행 중입니다.

최근 광릉숲에 증식한 장수하늘소를 방사하기도 했습니다. 환경부에서는 지난날 장수하늘소가 서식했던 지역에 장수하늘소 애벌레를 방사하여 복원을 위한 초기 연구를 수행하고 있습니다. 지금까지 장수하늘소 복원을 위해 대체 먹이원을 비롯한 복원을 위한 연구가 어느 정도 진행된 상태입니다.

경상북도 영양군에 자리한 국립생태원 멸종위기종복원센터에서는 관련 연구기관과의 협업으로 장수하늘소 복원 연구를 수행할 예정입니다. 대부분의 멸종위기종들은 기초적인 생활사나 생태에 관한 정보가 부족하며, 장수하늘소도 구체적인 정보가 많이 부족한 상태이기에 기초 연구부터 시작할 예정입니다.

또한 국립생태원과 국립생물자원관, 국립공원공단, (사)곤충자연생태연구센터에서는 현재 강원도 국립공원에 인공증식으로 확보한 개체를 풀어놓고, 인공적으로 증식한 장수하늘소의 자연 적응력을 시험하는 단계입니다.

이처럼 장수하늘소 복원을 위한 서식지 보호에 많은 사람들의 노력이 필요합니다. 멸종위기종복원센터에서는 멸종위기 곤충 복원을 위해 관련 지방자치단체와의 협력으로 서식지를 복원하고, 다양한 곤충과 지역민 모두가 함께 즐겁게 살아갈 수 있는 여건을 마련하도록 하겠습니다.

13

향기로 어부들을 이끄는
나도풍란
. . . .

형태가 독특하고 꽃이 아름다운 나도풍란

보통 식물이라 하면 흙속에 뿌리를 뻗고 살아가는 모습을 떠올릴 것입니다. 그러나 식물 중에는 흙이 아닌 다른 곳에서 살아가는 종들도 있습니다. 대표적인 예가 바로 착생란입니다. 착생란은 바위나 다른 식물에 붙어서 자라는 난초과 식물로, 뿌리가 공기 중에 노출되어 있고 잎이 두꺼운 것이 특징입니다. 지금부터 소개하려는 나도풍란*Sedirea japonica*도 착생란에 포함되는 식물입니다.

일반적인 착색란 석곡(왼쪽)과 흑난초(오른쪽) ⓒ 김성준

나도풍란은 난초목 난초과로 분류되며, 겨울에도 잎이 시들지 않고 몇 년 동안 살아가는 상록성 여러해살이풀입니다. 전 세계적으로 우리나라, 중국, 일본 등지에 분포하며, 주로 바닷가의 절벽이나 나무와 같이 비교적 험한 장소에 붙어서 살아갑니다. 대체로 따뜻한 기후를 좋아하여 겨울철에도 기온이 섭씨 5도 이하로 내려가지 않고, 고도가 200미터보다 낮은 지역에 자라는 것으로 알려졌습니다.

생김새를 보면 뿌리가 굵고 길며, 줄기는 거의 눈에 띄지 않을 정도로 짧고 비스듬합니다. 잎은 길이 8~15센티미터, 너비 1.5~2.5센티미터인 타원형으로 3~5장이 두 줄로 어긋나기 합니다. 여름철6~8월

© 김서준

꽃잎 한쪽에 붉은 반점이 있는 나도풍란

에 연한 백록색 꽃잎 한쪽에 붉은 반점이 나타나는 꽃을 피웁니다. 꽃자루는 5~12센티미터로 길게 자라며, 그 아래를 감싸는 꽃턱잎화포는 0.4~0.5센티미터로 달걀 모양입니다. 꽃자루 하나에 꽃이 4~10송이 달리는데, 그 모양이 아름다울 뿐만 아니라 배를 타고 나간 어부들이 향기를 맡고 돌아올 수 있을 정도로 향이 좋기로도 유명합니다.

살아가는 지역에 걸맞게 진화한 끈질긴 생명체

나도풍란이란 이름은 '풍란'과 '나도'라는 낱말을 합쳐 지은 것으로, 실제로 착생란 종류인 풍란과 생김새가 닮아 붙인 이름입니다. 이 두 식물을 비교하면 나도풍란의 잎이 더 짧고 넓으며, 꽃에 붉은 반점이 있어 구별할 수 있습니다. 나도풍란의 학명에서 *Sedirea*는 공기의 자식child of the air을 뜻하는 라틴어 'Aerides'의 글자 순서를 거꾸로 하여 붙였습니다. 공기 중에 뿌리를 드러낸 채 살아가는 특징을 잘 반영한 이름이라 할 수 있습니다.

풍란

나무 표면에 붙어서 살아가는 특징으로 나도풍란 같은 착생란을 기생식물로 오해할지도 모릅니다. 사실 나도풍란이 다른 식물에 뿌리를 붙이고 자라는 모습은, 영락없이 물이나 영양분을 빼앗으며 살아가는 것처럼 보입니다. 그러나 실제로 나도풍란은 스스로 광합성을 하여 필요한 물질을 축적하거나, 뿌리로 바깥 환경의 물을 직접 흡수하여 이용하는 능력이 있습니다. 바위 같은 곳에서도 생존할 수 있다는 사실에서 이러한 점을 잘 알 수 있습니다.

생태적인 관점에서 나도풍란의 독특한 점은 뿌리에 엽록소가 포함되어 있어 광합성을 할 수 있으며, 틈새에 꽉 달라붙을 수 있는 형태라는 점입니다. 뿌리를 흙 속에 뻗는 대다수의 식물에는 찾아보기 어려운 능력입니다. 그리고 뿌리 표면에 근피라는 층이 있어 빗물과 안개, 수증기처럼 공기 중에 있는 수분을 흡수해 저장할 수도 있습니다. 즉, 착생란으로 살아가는 지역에 걸맞게 뿌리를 이용할 수 있도록 진화한 셈입니다.

우리 생활 속 나도풍란

나도풍란에 관한 최초의 기록으로는 일본에서 1713년에 발간된 『왜한삼재도회倭漢三才圖會』1607년 중국에서 간행된 왕기王圻의 『삼재도회三才圖會』를 일본에서 보완·수정했으며, 다양한 내용들을 그림과 함께 수록한 일종의 백과전

서에 '나오란'이란 이름으로 소개된 사례를 들 수 있습니다. 이외에도 신선의 손톱 모양 난이라는 뜻으로 '선인지갑란仙人指甲蘭'이라는 이름도 있습니다. 비슷한 시기에 청나라 서보광徐葆光이 펴낸『중산전신록中山傳信錄』과 조선 후기의 실학자 서유구徐有榘가 펴낸『임원경제지林園經濟志』등 중국과 우리나라에 소개되기도 했습니다. 낯선 이름과는 달리 나도풍란은 오래전부터 우리 주변 식물로 자리 잡았던 것입니다.

실제로 우리 주변에서 나도풍란을 찾아보는 것은 그리 어렵지 않습니다. 형태가 독특하고 꽃이 아름다운 덕분에 원예용으로 널리 기르고 있기 때문입니다. 흔히 원예 목적으로 기르는 나도풍란은 잎이 큰 풍란이라는 뜻의 '대엽풍란大葉風蘭'이라고도 합니다. 이 풍란들 대부분은 일본이나 타이완에서 수입되어 일반 가정에서 주로 기르기도 하고, 일부는 식물원이나 수목원에 전시되기도 합니다. 최근에는 인터넷 쇼핑몰 등에 쉽게 찾아볼 수 있어 간단한 선물용 식물로도 인기가 높습니다.

원예용으로 기르는 난초는 크게 화예花藝 품종과 엽예葉藝 품종으로 나눌 수 있습니다. 화예 품종이 꽃의 아름다움을 높이는 방향으로 개발된 품종이라면, 엽예 품종은 잎에 여러 무늬가 나타나거나 잎 모양이 다양하게 개발된 품종입니다. 그러나 풍란 등 보통 난과 식물과는 달리 나도풍란의 경우 품종 개발이 비교적 늦게 진행되었는데, 이는 일본과 우리나라 등지에서 풍란을 원예적으로 더 중요하게 여겼기 때문입니다. 대엽풍란이란 이름 탓에 풍란의 한 품종으로 착각하기 쉽다는 것도 그 이유 중 하나이겠지요.

하지만 최근 들어 나도풍란에 관한 관심과 수요가 높아지면서 육종을 통한 품종 개발과 조직 배양 등을 통한 증식이 이루어지고 있습니다. 특히 어린 나도풍란을 서로 다른 환경에서 길러 생육에 적합한 배양 조건을 찾거나, 다른 난초과 종과의 유전적 결합 등으로 새로운 품종을 만드는 등 다양한 연구가 진행되고 있습니다. 앞으로 일상생활 속에서 더욱더 다양한 매력을 뽐내는 나도풍란 품종들을 찾아볼 수 있을 것입니다.

야생 나도풍란은 왜 멸종했을까?

자연 생태계에서 나도풍란이 처한 상황은 사뭇 다릅니다. 야생에서 나도풍란은 한때 가거도, 대흑산도, 홍도, 보길도와 같은 남해안 섬과 제주도에 분포했지만, 2005년 이후로 우리나라의 기존 서식지에서 찾아볼 수 없습니다. 어쩌면 나도풍란은 우리나라의 야생에서 이미 멸종했을지도 모를 일입니다. 법적·제도적 측면에서도 한국적색목록Korea Red List 위급CR 등급으로 분류된 멸종위기종입니다. 또한 1989년에 특정야생동식물로 지정되었고, 2005년부터는 환경부 지정 멸종위기 야생생물 I급으로 법적인 보호를 받고 있습니다.

그 밖에 야생에서 나도풍란이 자라는 나라로는 중국, 일본 등이 있습니다. 중국에는 윈난성雲南省 서부나 저장성浙江省 등 대체로 따뜻한 남쪽 지역에 분포했으며, 일본의 경우 혼슈와 규슈에 분포했다는 기록이 있습니다. 하지만 현재 일본에서는 규슈의 일부 현에서만 부분적으로 남아 있으며, 일본 적색목록 위급CR 범주에 속하는 멸종위기종으로 평가받고 있습니다. 일본에서 나도풍란에 관한 기록이 일찍이 있었을 뿐만 아니라 원예용으로 기르기 시작했던 것과는 대조적인 결과입니다.

우리 주변에서 흔히 기르는 나도풍란이 야생에서는 멸종위기로 내몰린 이유는 무엇일까요? 가장 큰 이유는 다름 아닌 아름다운 나도풍란에 대한 인간의 욕심이라 할 수 있겠습니다. 즉, 나도풍란이 원예적인 가치를 인정받으면서 사람들이 무분별하게 채취하는 사례가 늘어남에 따라 야생에서 개체군을 지속할 만큼 개체수를 유지하기 어려웠을 것입니다. 더욱이 나도풍란을 채취하려고 서식지를 찾는 사람이 늘어나면서 나도풍란이 살 수 있는 지역의 훼손 또한 가속화되었을 것입니다.

나도풍란의 멸종위기에는 생태 특성도 일부 영향을 미쳤을 수 있습니다. 야생 나도풍란이 험준한 지역에 사는 만큼 꽃을 피우더라도 꽃가루가 다른 개체에 옮겨가 종자를 맺을 확률이 낮습니다. 또한 자연상태에서 종자가 발아하여 새로운 나도풍란이 탄생할 확률도 낮은 것으로 알려졌습니다. 이러한 서식 조건에 사람들의 채집과 훼손이 더해지면서 멸종위기가 더욱 높아졌을 것이라 여기고 있습니다.

나도풍란 복원을 위한 다양한 노력

야생 나도풍란을 복원하는 데에는 많은 어려움이 있습니다. 특히 원예용으로 기르고 있는 수많은 나도풍란을 이용하면 될 것이라 생각하기 쉽지만, 그러한 개체들 대부분이 외국 개체를 수입하여 복제한 것으로 야생의 나도풍란과는 유전적으로 차이가 있습니다. 따라서 우리나라에서 사는 개체를 확보해야 하는데, 이미 야생에서 나도풍란이 멸종에 가까운 상황이라 확보하기가 여간 어려운 일이 아닙니다. 나도풍란의 원래 서식지는 접근하기 어려운 섬 지역이며, 자연적·인위적으로 많이 훼손되어 나도풍란의 복원은 더욱 어렵습니다. 게다가 나도풍란이 자연에서 종자를 맺고 번식하는 능력이 낮아 복원을 시도한다 해도 야생으로 돌아간 개체들을 계속 확인하고 관리해야 합니다.

이러한 어려움 속에도, 현재 나도풍란은 「멸종위기 야생생물 보전 종합계획」에 따라 '우선 복원대상종'으로 지정되어 다양한 방면에서 복원이 추진되고 있습니다. 제주도의 여미지식물원과 한라수목원, 경상북도 포항의 기청산식물원 등 다양한 서식지외 보전 기관에서는 나도풍란 원종을 확보하여 보호하고 있으며, 증식 등에 관한 연구를 진행하고 있습니다. 그 밖에도 대학과 여러 학술기관에서 조직 배양을 통해 나도풍란을 복제하거나, 나도풍란 재배에 가장 적합한 조건을 탐색하거나, 나도풍란의 유전적 다양성을 조사하는 등 복원을 성공적으로 진행하는 데 필요한 기초 연구를 수행하고 있습니다.

일부 지역에서 이러한 노력의 결과를 확인할 수 있습니다. 현재 제주도의 비자나무숲, 산방산, 성읍민속마을에 산림청 국립수목원 등에서 복원한 나도풍란 개체들이 살고 있습니다. 특히 비자나무숲에 복원된 나도풍란들은 주변 풍경과 어우러진 경관의 일부로 자리 잡았으며, 여름에는 꽃을 피워 숲속의 운치를 한층 높이고 있습니다.

한편, 국립생태원 멸종위기종복원센터에서도 야생 나도풍란을 복원하기 위해 노력하고 있습니다. 최근에는 비자나무숲에서 나도풍란 종자를 채집해 수많은 나도풍란의 싹을 틔웠고, 배양 시설에서 개체들이 성장하도록 돕고 있습니다. 또한 원래 나도풍란이 살던 지역들이 훼손되었을 가능성을 감안하여 나도풍란이 야생에서 살기에 적합한 대체 서식지를 탐색하는 연구도 추진하고 있습니다. 앞으로 여러 정부기관 및 민간단체 등과의 협력으로 우리나라에 살던 나도풍란들을 체계적으로 복원해 나갈 계획입니다.

나도풍란이 본래 지닌 아름다움으로 멸종위기에 처했다는 것은 아주 안타까운 일입니다. 사실 수많은 멸종위기종들도 비슷한 처지

나도풍란 복원지(제주도 비자림)

에 놓여 있습니다. 이러한 생물들을 보전하는 데 가장 중요한 부분은 바로 사람들의 마음가짐과 행동 변화일 것입니다. 앞서 설명했듯 나도풍란이 멸종위기에 처한 가장 큰 이유는 무분별한 채집과 서식지 훼손입니다. 바꾸어 말하면 복원사업을 본격화하기에 앞서, 사람들이 나도풍란을 개인적으로 소유하려는 욕심보다는, 멸종위기에 처한 이 식물이 야생에서 살아갈 수 있게 배려하는 마음가짐을 갖춰야 한다는 뜻입니다. 자연 속에서 다른 식물들과 어우러진 꽃이야말로 가장 아름답습니다. 그 아름다운 모습을 다시금 볼 수 있도록 우리 모두가 우리나라의 야생생물을 진정한 애정으로 대하는 날이 오기를 기원합니다.

14

비너스의 신발

털복주머니난

····

세계자연보전연맹 적색목록 | **관심대상(LC)**

학명의 유래가 재미있는 털복주머니난

털복주머니난Cypripedium guttatum Sw.은 꽃이 크고 화려한 연분홍색인 멸종위기 식물입니다. 이 식물의 이름의 유래가 재미있습니다. 꽃의 모양이 개[犬]의 축 처진 성기와 닮았다고 하여 털개불알꽃, 털개불알난이라는 이름을 붙였지요. 학계의 기록은 1949년 식물학자 정태현을 비롯한 도봉섭, 심학진의 조선생물학회에서 편찬한 『조선식물명집朝鮮植物名集』'초목편'에서 주머니란을 개불알꽃으로 처음 발표했습니다. 학계에서는 우리나라 이름을 학명처럼 선취권을 인정해 주로 개불알꽃이라 불렀으며, 털복주머니난 역시 털개불알꽃이라 불렀습니다.

그 이후 이화여대 이영노 교수 등 일부 학자들이 이름이 저속하고 부르기 민망하다는 이유로 털복주머니난으로 바꾸어 부르기 시작했지만 아직도 많은 사람들이 털개불알꽃, 털주머니꽃, 조선요강꽃, 애기작란화 등 여러 이름으로 부르고 있습니다.

보통 털복주머니'란'이라고 알고 있지만 이는 맞춤법에 어긋난 표기법입니다. '란'은 한자어 뒤에 붙이고, '난'은 순우리말과 외래어 뒤에 붙이므로 맞춤법에 따라 털복주머니'난'으로 표기해야 합니다.

세계 각국에서 공통적으로 부르는 학명의 유래도 재미있습니다. 속명 *Cypripedium*은 그리스어 *Cypris* 시프리스, 여신 비너스와 pedilon페딜론, 슬리퍼의 합성어로, 꽃 아래에 있는 꽃잎이 미의 여신 비너스의 신발처럼 아름답다는 뜻에서 붙였으며, 영어 이름 역시 Lady's Slipper입니다. 이렇게 외국에서는 털복주머니난을 아름다운 비너스의 신발, 여인의 신발 등에 비유하여 부르는데 우리나라에서는 털개불알꽃 등 여전히 부르기 민망한 이름으로 불리고 있습니다. 우리나라에서도 멸종위기에 처한 이 식물을 아름다운 우리나라 말인 털복주머니난이라고 부르면 어떨까요?

세계적 멸종위기에 처한 털복주머니난

털복주머니난이 속한 복주머니난속*Cypripedium*은 전 세계적으로 50여 종 내외로 알려졌으며, 아열대에서 온대 지역에까지 매우 넓게 분포합니다. 특히 한국, 일본, 중국 지역에만 30여 종이 자생하는 것으로 알려져 있습니다. 우리나라에서는 환경부 지정 멸종위기 식물 88종 중 25종이 난초과 식물일 정도로 다수의 난초과 식물이 멸종위기에 처해 있습니다.

우리나라에는 털복주머니난을 비롯해 광릉요강꽃*Cypripedium japonicum Thunberg*, 복주머니난*Cypripedium macranthos* Sw., 북한 지역에 분

포한다는 노랑복주머니난*Cypripedium calceolus L.* 등을 포함하여 총 4종류가 자라고 있습니다. 이 가운데 광릉요강꽃과 털복주머니난은 멸종위기 I급으로 지정되어 있고, 복주머니난은 멸종위기 II급으로 지정되어 관리되고 있습니다.

전 세계적으로도 멸종위기 생물들을 지정하여 관리하고 있는 세계자연보전연맹IUCN에서도 적색목록의 관심대상LC: Least Concern 등급으로 분류되어 있습니다. 또한 CITES에는 부속서 II에 등록되어 보호되고 있습니다.

러시아에서는 멸종위기 식물로 취급하고 있으며 북한에서도 보호 3급으로 관리하고 있습니다. 우리나라에서는 한국 적색목록의 위급CR으로 지정되어 있습니다. 1998년 처음으로 환경부의 멸종위기 야생동·식물 지정에 이어서, 2012년부터 멸종위기 야생생물 I급으로 지정하여 보호하고 있습니다. 이렇듯 우리나라뿐만 아니라 전 세계적으로 멸종위기에 처해 있는 털복주머니난을 보호·관리하고 있습니다.

털복주머니난은 어떻게 생겼을까?

털복주머니난은 난초의 한 종류로 여러 해 걸쳐 사는 식물입니다. 이름처럼 개체 전체에 털이 많고 줄기는 약 30~40센티미터까지 자랍니다. 줄기에 주름진 커다란 잎 3~5장이 줄기를 감싸고 있고, 줄기 끝에 아기 주먹만 한 붉은색 꽃송이가 달립니다. 5~7월 사이에 피는 꽃은 하얀색 꽃잎에 붉은빛을 띤 보라색 반점이 있고, 꽃은 길어야 2주일 정도 잠깐 피었다가 이내 사라져 버립니다. 꽃이 피는 이 시기를 놓치면 일 년 내내 볼 수 없지요.

열매가 7~8월경에 맺히는 털복주머니난은 보통 난 종류의 꽃보다 큰 편입니다. 꽃받침 3장, 꽃잎 3장으로 된 꽃을 우리는 모두 꽃으로 인식합니다. 털복주머니난의 번식 방법도 굉장히 신기합니다. 여느 복주머니난의 종류와 비슷한데, 열매가 맺혀 종자로도 번식하지만 땅속에서 뿌리가 사방으로 뻗으며 번식하기도 합니다. 해마다 뿌리 끝에서 새로운 줄기가 나오는 방식으로 번식하지요. 우리가 지상에서 보는 털복주머니난은 여러 포기처럼 보이지만 땅속에서 뿌리가 하나로 연결되어 있는 것입니다.

원작자 현진오, ⓒ 국립생물자원관   ⓒ 박환준

꽃잎에 붉은빛을 띤 자주색 반점이 있는 털복주머니난

1	① 털복주머니난
2　3	② 복주머니난
	③ 광릉요강꽃

우리나라에서 자라는 털복주머니난과 그 밖의 복주머니난 종류^복주머니난, 광릉요강꽃, 노랑복주머니난와 구별하는 방법은 복주머니난과 노랑 복주머니난은 잎이 3~5장인 반면 털복주머니난은 2장입니다. 또한 복주머니난, 노랑복주머니난에 비해 잎과 줄기에 털이 매우 많습니다. 복주머니난도 털은 있지만 듬성듬성 나 있습니다.

광릉요강꽃은 잎의 생김새에서 차이가 보입니다. 털복주머니난은 잎 모양이 넓은 타원형인 반면에 광릉요강꽃은 부채 모양의 잎입니다. 더 확실한 방법은 꽃에 붉은빛을 띤 자주색 반점이 있는지 없는지를 살펴보면 됩니다. 꽃에 반점이 있다면 바로 털복주머니난입니다.

미생물과 도움을 주고받는 털복주머니난

털복주머니난은 꽃이 지고 열매가 익어 터지면 수만 개의 씨가 퍼져 나갑니다. 하지만 자연 상태에서 퍼진 씨들은 거의 발아하지 못하고 사라집니다. 우리 주변에 수많은 생물들은 서로 도움을 주고받으며 생명을 이어갑니다. 꽃이 열매를 맺으려면 벌과 나비 등 곤충이 필요하고, 곤충은 먹이로 꽃을 이용합니다.

털복주머니난 역시 마찬가지입니다. 땅에 뿌리를 내리고 생명을 이어가는데 여기서 중요한 생물이 바로 미생물입니다. 구체적으로 난균근라고도 하는데, 털복주머니난은 보통 식물이 씨앗에서 싹을 틔울 때 필요한 영양분을 공급하는 배젖이 없고, 대신 난균근이라는 미생물에서 영양분을 얻어 싹을 틔웁니다. 이러한 방식으로 특정 미생물의 도움으로 자란 털복주머니난은 미생물에 필요한 영양분을 제공함으로써 공생관계를 이어갑니다. 이러한 특별한 환경이 필요하기 때문에 털복주머니난은 멸종될 확률이 여느 식물보다 높습니다.

털복주머니난은 어디에 살고 있을까?

학계의 보고에 따르면, 털복주머니난의 자생지는 산 능선의 초지나 숲 주변에 무리 지어 자랍니다. 우리나라의 옛 기록과 현재 자생지에 미루어 키 큰 나무가 없는 초지에서 자라는 것을 확인할 수 있습니다. 분포 범위는 강원도가 남방 한계선으로, 강원도 이남의 지역에는 볼 수 없고 강원도 이북에서 관찰할 수 있습니다.

강원도의 높은 산지에 매우 드물게 분포하며, 개체수뿐만 아니라 개체군 규모도 크지 않아 멸종위기에 처해 있어 개체의 유지와 보전이 필요합니다. 가깝게는 백두산에 분포하며 중국과 일본, 러시아 등 아고산대해발 1,500~2,500미터의 지대로 고산대와 저산대의 사이에 있으며, 저온 건조하여 침엽수가 많음에 분포하는 북방계 식물입니다. 보통 생태적으로 해발 1,000~4,100미터에서 자라며, 고위도 지방에서는 고도가 낮은 지역, 저위도 지방에서는 고도가 높은 산지나 들판에서 살며 키 큰 나무가 자라지 않은 햇빛이 잘 드는 곳에서 무리 지어 자랍니다.

점점 사라져 가는 우리 주변의 생물들

      털복주머니난은 기후변화, 무분별한 채취, 토지 개발 등으로 점점 사라져 가고 있습니다. 특히 털복주머니난은 꽃이 크고 화려해서 원예용으로 관상 가치가 높아 비싼 가격에 거래되고, 이 때문에 자생지에서의 무차별적인 채취 및 꽃대 훼손 등 식물체 파괴가 이루어지고 있습니다. 더욱이 불법 채취해서 다른 곳으로 가져가 심더라도 일반 사람들은 앞서 설명한 공생관계를 몰라 불법 채취한 털복주머니난을 모두 죽일 수밖에 없습니다. 또한 털복주머니난은 약용 효과가 있어 불법 채취의 표적이 되기도 합니다.

©박현준

   학계에 따르면, 전 세계의 기온은 2100년까지 섭씨 1.5~5.2도 상승, 강수량은 5~10퍼센트까지 늘어날 것으로 예상하고 있습니다. 이는 분포 지역이 제한된 멸종위기 생물의 서식 환경에 심각한 문제를 일으킬 수 있습니다.

보통 난 종류보다 꽃이 크고 화려한 털복주머니난

이러한 기후변화로 약 870만 종의 생물 가운데 매일 200여 종이 사라지고 있으며, 2050년에는 생물종의 15~37퍼센트가 사라질 것으로 예측합니다.

　기후변화는 여러 생물들 사이에 연쇄적인 생태적 영향을 끼칩니다. 종 하나가 사라진다고 그 종만 사라지는 것이 아닌, 연쇄적인 반응으로 더 많은 생물종이 사라진다는 뜻이지요. 한 예로 미국의 옐로우스톤 국립공원에서 늑대가 멸종하자 사슴 개체가 급격히 늘어남에 따라 사슴의 먹이인 식물종이 급격하게 줄어들었습니다. 미국의 야생동물 보호국에 따르면, 생물종 1종이 사라지면 이와 연관되어있는 생물종 30여 종이 사라진다고 합니다.

　이렇듯 생물종 1종이 사라지는 것은 사라진 1종의 문제가 아닙니다. 결국 지구 전체에 영향을 끼치고, 이는 인간의 삶에도 심각한 문제를 일으키게 될 것입니다. 2019년 UN 기후행동정상회의에서 10대 환경운동가 스웨덴의 그레타 툰베리Greta Thunberg는 "우리는 대멸종의 시작점에 있습니다. 그런데 당신들이 할 수 있는 얘기는 돈과 끝없는 경제성장에 관한 것들이네요"라고 비판하며 세계 각국의 정상들에게 기후변화가 일으키는 대멸종에 대한 문제를 제기했습니다.

　지금까지 살펴본 대로 생물종의 멸종은 우리의 삶과 직결되어 있습니다. 우리가 멸종위기에 처한 생물들을 좀 더 관심 갖고 지켜봐 주면 어떨까요?

멸종위기종을 위해 우리가 해야 할 일

멸종위기종을 보전하고 관리하려면 국가 연구기관뿐만 아니라 전 국민의 관심과 노력이 필요합니다. 먼저 연구기관에서는 종의 특성에 관한 연구, 종 증식 기술 개발, 복원 방법 마련 등 여러 분야에서 연구를 지속해야 합니다.

현재 국립생태원 멸종위기종복원센터에서는 멸종위기종 267종 중 우선 복원대상종을 선정하여 복원과 보전이 시급한 종들의 연구를 진행하고 있습니다. 종과 종의 서식지에 관한 기초 생태 연구를 비롯하여 공생관계로 자연에서 번식하는 털복주머니난처럼 까다로운 종을 대상으로 대량 증식 기술, 재배 기술을 연구하고 있습니다. 이와 더불어 증식 이후 복원 방법에 대한 연구를 진행하고 있습니다. 이 모두는 심각한 멸종위기에 처한 생물을 국가 차원에서 멸종을 막기 위해서 진행하는 연구입니다.

가장 좋은 것은 애초에 멸종위기에 처할 상황을 만들지 않는 것입니다. 야생생물이 사라지는 가장 큰 이유는 사람들 때문입니다. 우리가 생물에 대해 관심이 없고 배려하지 않았던 20~30년 전에 골프장, 스키장, 산업단지 개발 등 토지 이용의 변화로 엄청난 수의 우리 생명들이 사라졌습니다. 이렇게 무분별하고 인위적인 개발에 따라 우리의 소중한 생물들이 사라지자 최근 들어서야 심각성을 깨닫고 멸종위기종을 지정하여 보호·관리하기에 이르렀습니다.

　게다가 사람들의 이기심으로 돈이 되는 희귀한 야생생물의 불법 채취로 생물들이 훼손되고 서식지가 파괴되어 사라지고 있습니다. 바로 지금 우리가 야생생물에 대한 인식을 바꾸지 않고 무관심으로 일관한다면 앞으로 더 많은 종이 사라질 위험에 처하게 될 것입니다. 이로써 우리의 삶에도 좋지 않은 영향을 끼칠 것이 확실합니다. 우리나라의 소중한 생물들을 지키려면 없어져도 그만인 식물, 동물이 아닌 정말 소중한 우리의 재산이라 생각하고 관심을 가져야 합니다.

갖춤탈바꿈(완전변태) 174, 175
공진화 23, 69
과부황새 151
과일박쥐 29, 39, 42
관심대상LC 200
관코박쥐 37
구북구 119, 177
구아노 45
근연 관계 148
근친교배 72, 100
기주식물 178
기회적 포식자 86
기후변화 46, 132, 154, 170, 205, 206
깃대종 116
꽃사슴 14
꽃턱잎 188

ㄴ

난균근 203, 204
남중국호랑이 104, 106
남획 64, 121
납중독 142, 145
납탄 142, 143

녹미 16
녹용 16~17

대륙유혈목이 166~168
대엽풍란 190, 191
동북호랑이 107

로드킬 90, 101

마사(산사향노루) 52
만주호랑이 107
말레이호랑이 104
매화록(매화사슴) 14
매화무늬 92, 93, 95
맹금류 134~136, 138, 141, 142, 144, 146
먹이를 조르는 행동 139
멸종위기에 처한 야생동식물의 국제 거래
    에 관한 협약CITES 59, 65, 106, 200
미토콘드리아 유전체 169, 181

박쥐집 46
반수생 생활 78
반수생동물 79, 81
반추동물 20
발리호랑이 106
배 비늘 165, 167
백두산호랑이 107
번식지 122, 124, 126~128, 132, 137, 140,
    144, 152, 159
벵골호랑이 104
부리 위쪽 주름 122
붉은박쥐 33~35, 40
붉은사슴(백두산사슴) 19
비막 33, 41
비엽 42

사향 50, 51, 52, 56, 57
사향선 52, 56
사향주머니 56
산림 지대 지표종 65
산림성 동물 20, 55
산림성 박쥐 36
산악 동물 65
산양 산삼 63
산양유 62, 63
생물농축 153
생태축 74, 159

서식지 파괴 64, 89, 92, 111, 145
서식지내 보전 152, 157
선인지갑란 190
선형 서식권 88
세계자연보전연맹IUCN 45, 64, 92, 94, 98,
    106, 119, 143, 148, 200
송곳니 52, 54, 57
수관부 39
식충성 박쥐 41, 45, 46
수마트라호랑이 104
수변 78
시베리아호랑이 107

안갖춤탈바꿈(불완전변태) 175
애기작란화 198
엽예 190
오렌지윗수염박쥐 33
올가 109
『왜한삼재도회』 189
용골 167
우산종 116
우선 복원대상종 193, 207
우수리호랑이 107
우제류 23, 25, 94, 110
원사(시베리아사향노루) 52, 54, 56
원시사슴 52
위급CR 98, 120, 191, 200
위기EN 106, 119, 120, 148
이소 125

이주耳珠 37, 43
이중모 80
인도차이나호랑이 104
임사(난쟁이사향노루) 52
『임원경제지』 190

자넨 66
자바호랑이 106
자연 동굴 34, 37, 39, 45~48
자연재해 60, 132
작은관코박쥐 33, 35~37, 40
저정낭 169
정지비행 38
조류 보툴리즘 120
『조선식물명집』 198
조선요강꽃 198
중금속 오염 88, 144, 145
『중산전신록』 190
지구온난화 180
지표종 65, 87, 132

착생란 186, 188, 189
착호 활동 112, 113
체내 수정 168
초음파 29, 41~43
최소 생존 개체수 60
취식지 124

취약VU 65, 92, 143

카스피호랑이 106
카슨, 레이첼 121

타액선(침샘) 23
탄닌 23
털개불알꽃 198, 199
털주머니꽃 198
텃세권 150
토끼박쥐 33, 37

페로몬 44, 50
폐광 33, 34, 36, 37, 39, 40, 46, 48
포식자 86, 116, 128, 140, 168, 171
표범의 땅 국립공원 98~102
표시용 가락지 131
프로라인리치 프로테인 23

해수 구제 사업(정책) 14~15, 113
핵심종 86, 116
행동 권역(행동권) 84, 90, 146, 170, 170, 171

형제 살해 139
호골주 115
「호작도」 95
호환 97, 112, 113
화예 190
환경오염 33, 121, 143
황금박쥐 28, 33
흑사(검은사향노루) 52
흡혈박쥐 28, 42, 44

흰꼬리수리 136, 142, 144
흰죽지참수리 134
히말라야사향노루 52

CS 유형 20
DDE 144
DDT 121, 121, 144
GR 유형 21
IM 유형 21

그림 출처

51쪽 https://en.wikipedia.org/wiki/Musk(원작자 烏拉跨氘)

54쪽 https://en.wikipedia.org/wiki/Siberian_musk_deer(원작자 Николай Усик)

55쪽 https://commons.wikimedia.org

58쪽 장수군 멸종위기종복원사업 관련 기본계획

59쪽 https://commons.wikimedia.org

104~105쪽 https://en.wikipedia.org/wiki/Tiger(원작자 Appaloosa, Kabir Bakie, Greg Hume, Captain Herbert, Charles James Sharp)

106쪽 https://ko.wikipedia.org/wiki/호랑이(원작자 Sanderson, E., Forrest, J., Loucks, C., Ginsberg, J., Dinerstein, E., Seidensticker, J., Leimgruber, P., Songer, M., Heydlauff, A., O'Brien, T., Bryja, G., Klenzendorf, S., Wikramanayake, E.)

145쪽 대한민국 해군 홈페이지(참수리호), 경찰청 페이스북(경찰 상징표지)